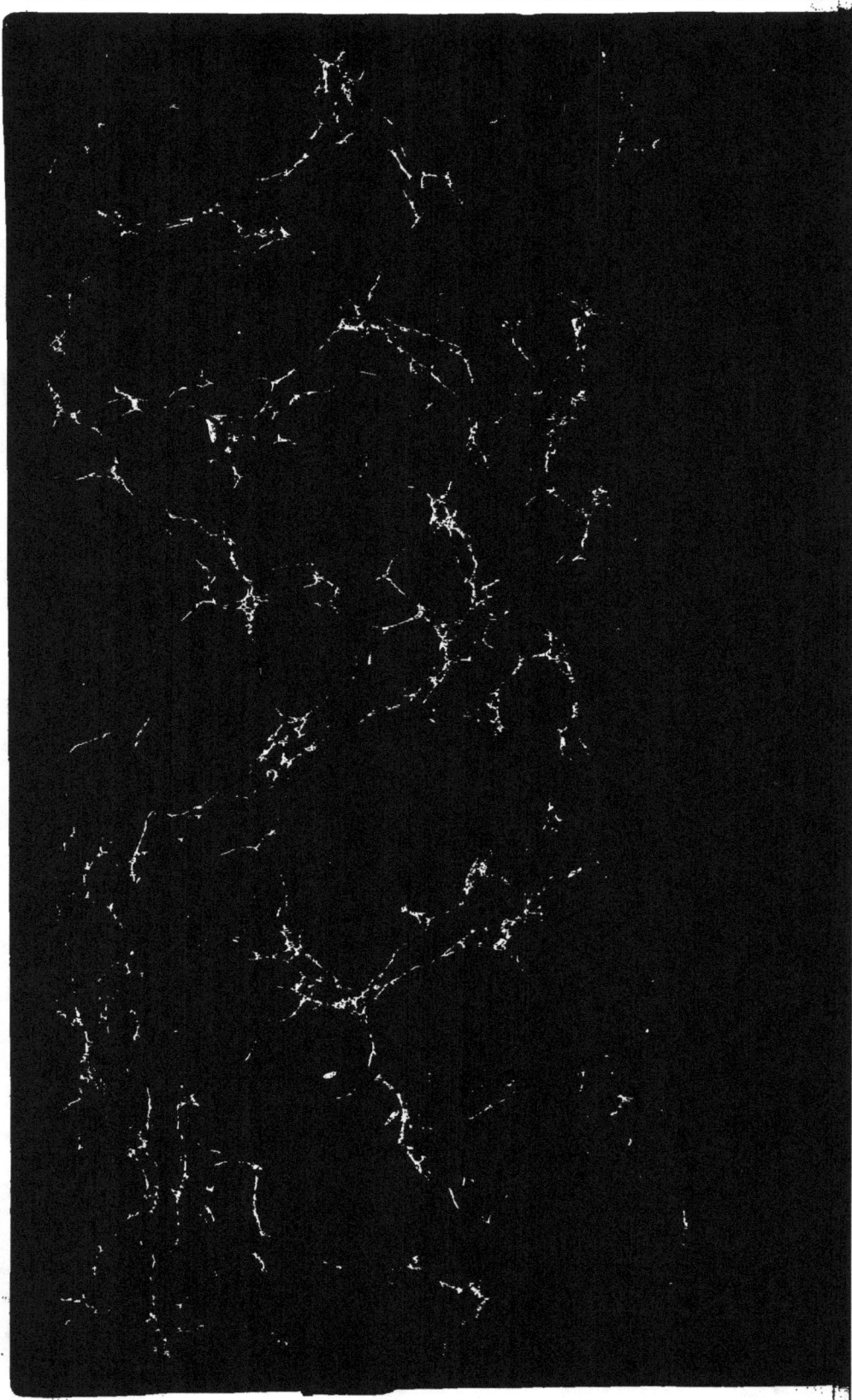

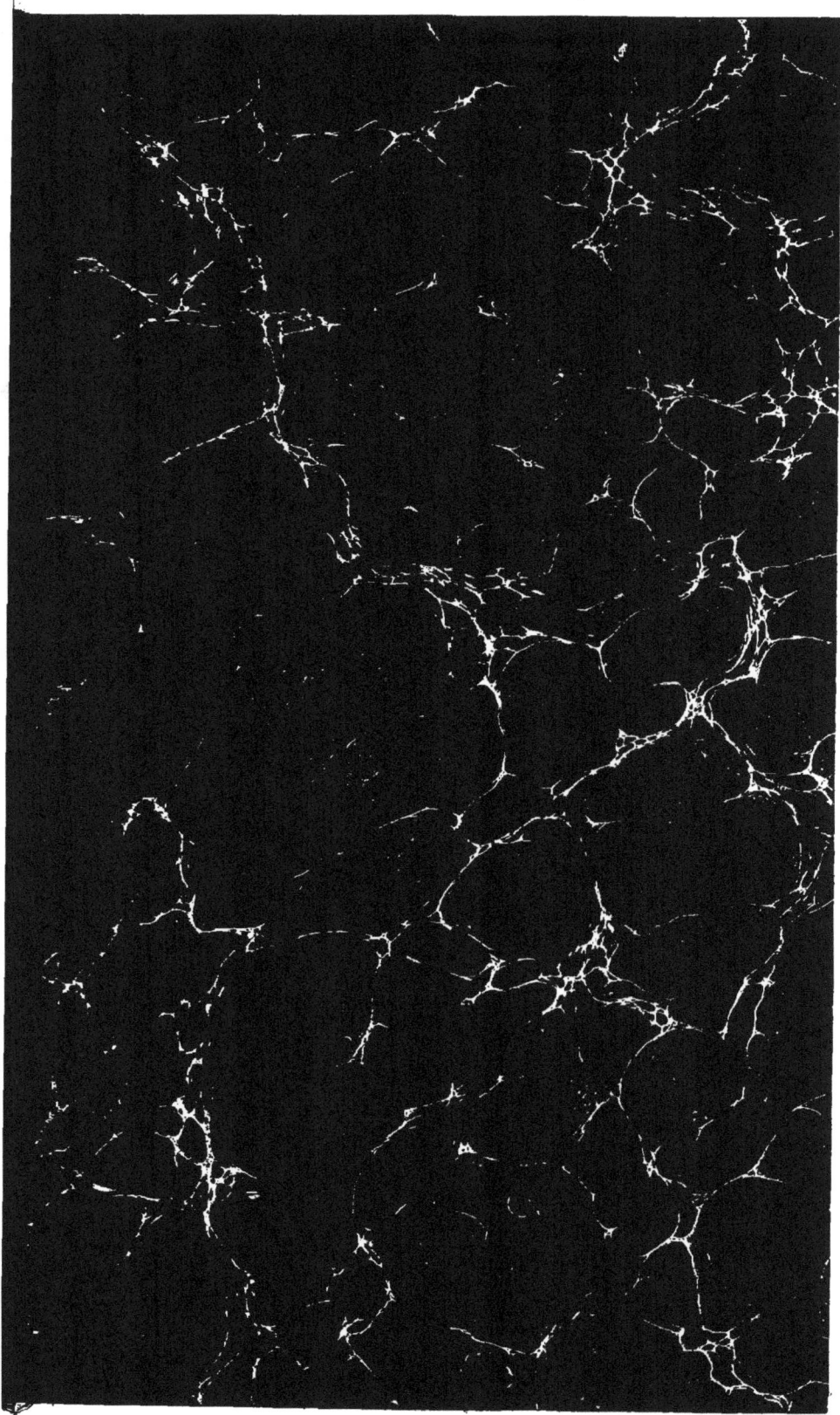

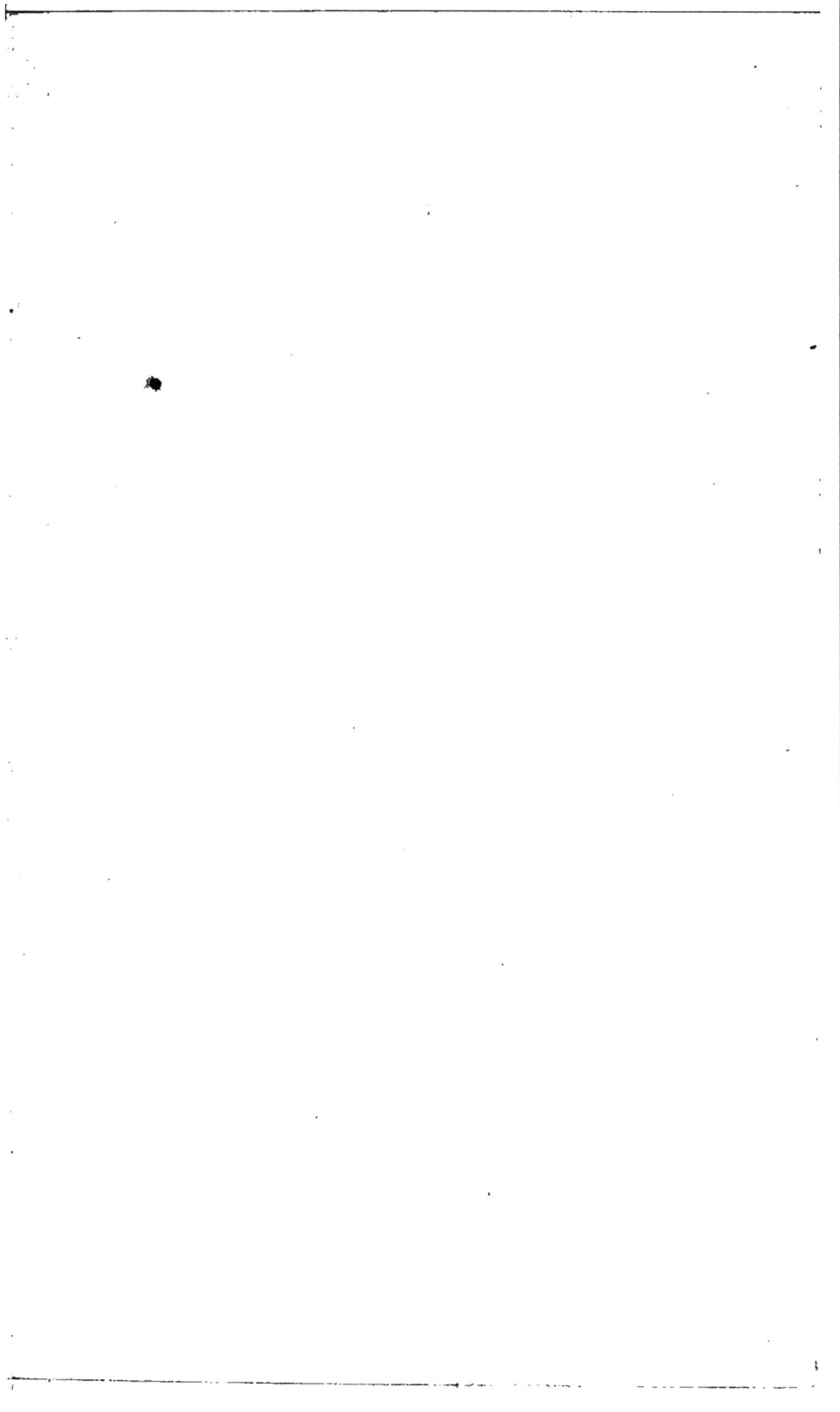

2648

MÉMOIRE

SUR

L'ÉTAT DE L'AGRICULTURE

DANS LE JURA,

LES AMÉLIORATIONS QU'ELLE A REÇUES

ET CELLES DONT ELLE PAROIT SUSCEPTIBLE.

Par M. GERRIER,

DOYEN DU CONSEIL DE PRÉFECTURE DE CE DÉPARTEMENT.

LONS-LE-SAUNIER,

CHEZ GAUTHIER, IMPRIMEUR DE LA PRÉFECTURE.

1822.

MÉMOIRE

SUR L'ÉTAT DE L'AGRICULTURE

DANS LE JURA,

LES AMÉLIORATIONS QU'ELLE A REÇUES

ET CELLES DONT ELLE PAROIT SUSCEPTIBLE.

> Augmentez , propagez les richesses rustiques,
> Et joignez votre exemple aux usages antiques.
> DELILLE.

L'AGRICULTURE est l'art le plus antique et le plus vénéré ; il enrichit les peuples , fait fleurir les états et devient la source de leur prospérité. Toutes les nations lui ont élevé des autels , lui ont adressé leurs vœux ; elles conservent avec respect le souvenir de ses premiers fondateurs. Nembrod , en réunissant des pasteurs dans la plaine de Sennard , en traçant des sillons autour d'une ville qu'il bâtit et en recueillant diverses moissons ; Numa, en suivant les lois de Romulus et en faisant honorer le soc et les instrumens aratoires , ont immortalisé leurs travaux et leurs mémoires. Les Romains suivoient avec enthou-

A 2

siasme les volontés de leurs législateurs ; une noble émulation régnoit parmi eux ; ils portoient avec triomphe les surnoms de Cicéro, de Lintullus, de Fabius (1), ne quittoient la culture de leurs champs que pour voler aux combats, et alloient chercher à la charrue leurs plus illustres magistrats (2). Ils disséminèrent dans les Gaules, au milieu de leurs conquêtes, les principes bienfaisans de l'art agricole ; mais ce ne fut qu'après un long-temps qu'ils furent connus ; car, que pouvoit un peuple tour à tour soumis ou armé pour sa défense, obéissant à César et redoutant après lui d'autres maîtres !

La France, cette portion précieuse des Gaules, passée sous la domination monarchique, a lutté des siècles pour asseoir ses pouvoirs, ses lois, sa politique. Plusieurs règnes se succédèrent sans donner à l'agronomie de l'encouragement. Henri IV pensoit au bonheur de ses sujets et vouloit que cha-

_____

(1) Cette distinction étoit accordée à ceux qui avoient mis en valeur les pois, les lentilles, les fèves.

(2) *Aranti quatuor sua jugera in Vaticano quæ prata quinctia appellantur, Cincinnato viator attulit dictaturam et quidem ut traditur nudo plenoque pulveris etiamnùm ore.*

PLINE.

(5)

que paysan vécut dans l'aisance ; Sully, secondant ses vues généreuses, proclamoit que
le labourage et le pâturage devoient être les
deux mamelles des Français. Ils furent enlevés l'un et l'autre à l'amour de la nation,
sans pouvoir exécuter leur projet. Louis XIV
ambitionna la gloire militaire, Mars l'em-
porta sur Cérès, et tout fléchit devant lui.

La Franche-Comté fut réunie définitivement
à ses états par le traité de Nimègue. Les guerres
nombreuses qui eurent lieu après cet événement, les charges nécessaires qu'il fallut im-
poser pour les soutenir et dans lesquelles
prirent part les nouveaux sujets, ne laissè-
rent aucun temps aux amateurs des champs
pour les bien cultiver. Fénélon et Vauban
écrivirent en faveur de l'agriculture ; mais
l'un fut disgracié et oublié, et l'autre, pro-
fond mathématicien, fit des calculs qui ne
furent pas assez compris. Sous l'empire d'un
si grand Prince, les arts fleurirent néanmoins,
et l'on vit paroître avec eux une foule de
personnages distingués par leurs talens et par
leurs connoissances. La régence de Philippe,
le ministère de Dubois, le faux système de
Law et ses suites funestes, n'apportèrent
aucun bon changement à l'ancien état des
choses. Louis XV fit naître les espérances ;

prenant les rênes de l'État, il captive bientôt tous les cœurs, mérite le titre de bienaimé et devient l'idole de la nation. Il crée en 1761, pour la généralité de Paris, une société d'agriculture composée d'hommes amis de leur patrie, et d'où émanèrent des élémens et des principes fondamentaux de la richesse publique. Duhamel publia, en effet, cette théorie savante qui lui a donné un des plus hauts rangs parmi les grands hommes de son siècle. Ses ouvrages furent recueillis avec un empressement général, et forment une des propriétés les plus chères des vrais agronomes. Louis XVI poursuivant des desseins aussi précieux, constitua, le 5 mai 1788, en société royale pour toute la France, celle qui n'existoit que pour Paris. Un grand développement fut donné à la science agricole, et des expériences en grand furent faites à Rambouillet par ordre de Sa Majesté, qui fit des dons publics aux cultivateurs parisiens. Des mémoires distribués dans toutes les provinces, quelques démonstrations opérées promettoient de grands succès que la révolution empêcha; elle prit son essor et se répandit comme un torrent dans toute la France. Ce fut en vain que les décrets de 1789 et 1790 dépouillèrent d'anciens propriétaires, pour enrichir des fermiers et cultivateurs qui ne détenoient leurs biens que précairement, et ce, sous prétexte que leurs baux ou acensemens pouvoient renfermer quelques expressions tendantes à la féodalité. Ce changement de maître n'apporta aucune amélioration à la culture des terres. L'anarchie, fléau destructeur, vint bientôt moissonner la jeunesse; les arts languirent et l'industrie fut en quelque sorte anéantie. Les Lavoisier, les Rosière furent victimés; avec eux périrent des manuscrits importans qui auroient augmenté les trésors qu'ils ont laissés. Le désordre parvenu à son comble sembla cesser, lorsqu'un homme extraordinaire fut placé à la tête du Gouvernement. Provoquant l'enthousiasme guerrier par toutes les voies possibles, il sut cueillir de nombreux lauriers, couvrir de gloire la nation, et faire briller d'un grand éclat des talens en tout genre. Il voulut tout sacrifier à une ambition démesurée, et prépara ainsi sa chute. L'institut qu'il créa, et les membres de la société de la Seine promulguèrent des découvertes utiles à l'agriculture; mais quel résultat pouvoient-elles produire chez des peuples précipités dans les fureurs d'une guerre sans cesse renaissante. Ce ne fut qu'au moment où le temple de Janus fut fermé, que les sources du bien presque taries reprirent leurs cours. Un nouvel horizon s'éleva, toutes les classes industrielles travaillèrent à l'envie les unes des autres ; l'habitant des campagnes, appréciant un calme si long-temps attendu, se livra à l'amélioration de ses terres, et chaque département concourut à des progrès particuliers. Le Jura, qui déjà avoit marqué par son zèle, ne fut pas un des derniers à utiliser toutes ses ressources.

Pour apprécier nos améliorations agricoles, il convient de connoître la topographie de notre pays. Il est borné, au nord, par les départemens du Doubs, de la Haute-Saône et de la Côte-d'Or ; à l'orient, par les départemens du Doubs et les Cantons helvétiques ; au midi, par le Genevois et le département de l'Ain ; à l'occident, par ceux de Saône-et-Loire et de Côte-d'Or. La longue chaîne des montagnes qui lui a donné son nom, règne du nord au sud, et sépare la Franche-Comté de la Suisse. Depuis le sommet de ses parties limitrophes les plus élevées jusqu'au niveau des plaines de l'ouest, il existe une élévation de 900 mètres au-dessus de la mer. Le Jura se divise naturellement en deux parties, la montagne formant trois plateaux, et la plaine : il présente une surface d'environ 53464 hectares, est composé de quatre arrondissemens divisés en 32 cantons, formant ensemble 700 communes, et ayant une population de 301600. Les cantons situés sur le troisième plateau, couvert de neige une partie de l'année, éprouvent des vents impétueux qui viennent du nord-est, et ne peuvent être susceptibles d'une culture considérable ; ce sont ceux de Saint-Claude, des Bouchoux, de Morez, de Nozeroy et des Planches. Les cantons existant sur le second plateau où règne une température moins rigoureuse, sont ceux de Moyrans, St.-Laurent, Champagnole, Clairvaux, Orgelet et Arinthod. Plusieurs occupent, soit le premier plateau, soit ses revers, et partie de la plaine, tels que ceux d'Arbois, Poligny, Salins, Sellières, Voiteur, Conliège, Saint-Julien, Saint-Amour, Cousance et Lons-le-Saunier. La plaine, qui peut être envisagée comme la portion la plus précieuse et la meilleure du département, comprend les cantons de Bletterans, Chaumergy, Villersfarlay, Chaussin, Montbarrey, Chemin, Dôle, Montmirey, Rochefort, Gendrey et Dampierre.

Les diverses positions qu'occupent ces cantons, la différence notable du climat, la variété des vents, celle des sols, ont donné

pour chacun d'eux , un genre de culture
spécial , et un assollement particulier que les
localités , l'usage ou l'expérience ont créé et
modifié.Cet assollement a pris naissance dans
la variation des terres qui exigent des préparations et des soins distincts. Leur géonomie
les fait ranger dans l'ordre des argilleuses,
calcaires et sabloneuses. Les argilleuses où
l'alumine domine , sont grasses, pâteuses,
retiennent l'eau , se gersent en séchant , se
durcissent au feu , se travaillent difficilement ,
n'offrent, dans une alternative de forte humidité ou de chaleur, que peu de solidité aux
semences qui y sont jetées ; elles n'y prennent , en effet, que peu d'accroissement , et
souvent les racines des plantes y périssent
sans pouvoir s'y étendre. Les terres calcaires
de bonne nature sont légères, perméables ,
l'air y pénètre aisément et vivifie les germes
qu'elles reçoivent ; elles sont chaudes, d'un
travail facile , se divisent parfaitement et
deviennent meubles sans peine. Les terres
sabloneuses sont sèches , trop légères , ne
retiennent point l'eau et ne conviennent qu'à
un certain nombre de végétaux. Ces trois
espèces ne se trouvent jamais pures , isolées
et sans mélanges ; car dans leur état d'homo-
généité , elles seroient presque improductives ;

chacune d'elles prédomine donc plus ou
moins , et offre leurs caractères propres ,
leurs attributs, leurs degrés de bonté ou d'im-
perfection qu'il importe de saisir , afin d'asseoir, sur leur connoissance, des calculs justes,
exacts , et d'un intérêt positif. Ce n'est, en
effet , qu'en bien jugeant les essences des
terres , que l'on parvient à s'assurer, de leur
propriété , de leur vertu , des mélanges dont
elles sont susceptibles , des amendemens qui
leur sont propres, et des produits qu'elles
peuvent donner. On combine alors les temps
propices à leur ouverture , à leur labour , à
leurs travaux , les instrumens aratoires les
plus propres pour les opérer , les engrais les
plus profitables , et les céréales ou plantes
qui leur conviennent. Le département offre ,
dans ses divers sites , toutes les espèces de
terre avec des mélanges qui en varient les
qualités , en augmentent ou diminuent les
valeurs proportionnelles. Les pentes immenses
qui existent dès son extrémité verticale jusqu'aux plaines de l'orient , les nombreuses
collines qui s'y rencontrent, l'influence nécessaire et sensible de l'action variée du soleil ,
celle des pluies , plus ou moins abondantes ,
amène des nuances caractéristiques, appelle
l'attention de l'agronome , et détermine le

cultivateur à agir à temps opportun. Cet état
de choses ainsi établi, examinons les variétés
de terrain qui existent dans les quatre sec-
tions du Jura, telles que nous les avons
divisées, et les progrès que chaque espèce
de culture qui leur sont appropriées, ont
faits depuis trente ans.

Dans les cantons situés sur le troisième
plateau, les terres sont généralement arides,
ont un caractère siliceux, graveleux, à base
calcaire craïeuse, et ne peuvent être travaillées à plus de 4 à 6 pouces de profondeur ; celles de Nozeroy et des Planches
offrent seulement une portion plus forte de
terre végétale. La culture y étoit presque
inconnue, il y a trente ans ; les défrichemens successifs qui se sont opérés, la théorie
générale, l'instruction particulière, des expériences comparatives ont amélioré l'ancien
état de cette partie de nos montagnes. On
sème, dans ce moment, à Saint - Claude,
Morez, les Bouchoux, des orges, quelques
blés et maïs, des avoines, des mêlées : les
labours y ont lieu en été et en automne, et
les semailles ordinairement au printemps,
la rigueur des saisons n'ayant point encore permis, dans les hauts cantons, d'hasarder celles
d'hiver. Après deux récoltes, on réchauffe

les terres, en brûlant les gazons qui y existent, et on les divise par les cendres qui
en sont le résultat. Avec cette précaution
considérée comme indispensable, les jachères
n'existent qu'un an. Les habitans trouvent
dans les produits nouveaux de leurs héritages,
les premiers secours pour leurs familles.

La beauté du bétail que l'on élève, nourrit
et conserve à Nozeroy et aux Planches, a
procuré à ces cantons un plus grand développement de culture. Les labours y sont plus
multipliés, les engrais plus nombreux, con-
séquemment les récoltes y sont meilleures ;
les blés, les orges, les avoines, le lin et
même quelques plantes légumineuses se re-
produisent dans la rotation des assollemens.
L'industrie des habitans de ces deux cantons
est digne de remarque ; en améliorant leurs
propriétés, ils ont accru leurs revenus, et en
maintenant les bonnes pratiques qu'ils ont
recueillies, ils assurent la fortune de leurs
descendans.

Les terres que l'on rencontre dans les
cantons du second plateau, sont, pour ceux
de Saint - Laurent et de Moyrans, d'une
nature approximative à celles des cantons du
troisième plateau. Dans celui de Champagnole, elles sont argilleuses à base marneuse

craïeuse, et présentent, dans les autres cantons, des mélanges de silice, de gravier,
d'argile et de marne. A Saint-Laurent, on
n'avoit jamais obtenu que des avoines et des
mêlées. Des cultivateurs dignes d'éloge et
d'encouragement (1) ont monté plusieurs
attelages en chevaux avec lesquels ils ont
fait, en automne, plusieurs labourages renouvelés et approfondis ; ils ont doublé les
engrais qu'ils avoient coutume de placer dans
leurs héritages, et ont essayé des semences
de froment d'hiver qui, depuis quatre ou
cinq ans ont parfaitement réussies. Il n'est pas
douteux que leur exemple ne puisse être
imité et couronné du même succès : labourer
et engraisser, voilà le vrai nerf de l'agriculture. Ces principes bien connus seront suivis
des plus heureuses conséquences, lorsqu'ils
seront observés avec soin. Dans les autres
cantons, on a remplacé les semailles anciennes d'avoine et d'orge par celles des blés
d'hiver, par le maïs et plusieurs plantes légumineuses qui ont doublé leur produit. Les
assollemens, au lieu d'y être de deux ans,
y sont généralement de trois, après lesquels
les terres sont laissées en repos.

---

(1) M. Besson, maire et maître de poste à Saint-Laurent.

Les cantons situés sur le premier plateau et au revers d'icelui, possèdent des terres offrant divers mélanges plus ou moins favorables ; la couleur de ces terres, leurs consistances, leurs grains, les qualités des pierres, graviers, alumine ou marne qui les divisent, la nature des couches inférieures calcaires ou argilleuses, la présence des sources souterraines, les diverses positions horizontales ou inclinées, et la direction des pentes vers le midi, le nord, l'orient ou l'occident de ces diverses terres, solliciteroient des détails sur chaque nature qu'elles comportent, et dont leur grande variation ne permet pas un analyse parfait.

La culture a lieu selon les essences de ces terres, les sols et les expositions. Les cantons d'Arbois et de Lons-le-Saunier sont ceux où elles s'opèrent avec le plus d'avantage, parce que l'industrie y a été portée à un plus haut degré de connoissance ; les rapports y sont aussi plus multipliés et de meilleure essence; les terres y sont mieux aménagées, mieux amendées par des engrais choisis ; les labours faits à temps opportun, les semailles bien préparées et donnant des récoltes plus abondantes ; les blés de printemps commencent à y être cultivés ; quelques prairies artificielles entrent dans les assolemens ; les plantes oléagineuses , telles que les navettes , les œillets et colzats y réussissent très-bien. Les cantons de Cousance et de Saint-Amour produisent en remplacement des orges et mêlées, et souvent après une première récolte de froment , des raves , des navets , des seigles, des sarrasins qui sont pour eux d'une ressource précieuse ; les fèves et les légumes concourrent à leur richesse territoriale ; les pommes de terre , un des plus beaux présens de la nature, en forment aussi une branche principale ; leur culture autrefois ignorée s'est multipliée, la nécessité en a fait une loi impérieuse; il n'est pas un canton , pas une commune , où elles ne soient en valeur ; trois espèces principales s'y font remarquer , les jaunes , les rouges , dites d'Alsace , et les patraques blanches. Les deux premières sont destinées à la nourriture des hommes ; les dernières sont distribuées au bétail. Quelques propriétaires ont préféré les grises ou rouges alongées qui se recueillent en juillet ou en août, mais qui, ne pouvant se conserver long-temps, ne sont point recherchées. D'autres cultivent également les topinambours, peu connus dans notre département , et dont le produit facile donneroit des avantages presque aussi grands que ceux que présentent les pommes de terre.

Pour assénir les champs et empêcher les eaux de les dégrader, on y a pratiqué, dans plusieurs endroits , des canaux de diverses directions qui les ont ameliorés : il y a peu d'uniformité dans les assolemens qui sont aussi variés que les natures de terrain. Les jachères n'y sont pas toujours complètes et annoncent une grande amélioration.

Les terrains de la plaine sont les plus riches en force végétale , en mélange d'argile , de sable et de vitriol , et contiennent une plus grande quantité d'humus ; celles des cantons de Chaumergy et de Montbarrey, en offrent seulement quelques quantités de lourdes , froides, dont les substances sont inférieures et moins parfaites. Cette partie du Jura est évidemment la plus productive et la meilleure; il semble que Cérès ait versé sur elle sa coupe d'abondance. L'œil se repose agréablement sur les sites heureux qu'elle offre, sur la richesse et la variété de ses récoltes en tout genre. Tous les céréales et graminées divers y réussissent complétement ; celles de printemps y sont aussi en grand nombre , et les différentes cultures en produisent de toute espèce. L'arrondissement de Dôle mérite d'être signalé

B

par les découvertes importantes , et les heureuses pratiques de quelques propriétaires distingués (1). Ils ont donné une grande valeur
à des héritages d'un médiocre prix , par un
labourage étudié , un amendement de terres
bien entendu , un choix d'engrais et de semences, et l'usage des instrumens aratoires de MM.
de Fellemberg et Pictey. Ils sont les seuls ,
en effet, qui emploient l'extirpateur, le cultivateur, la houe à cheval, la herse et les semoirs que nos illustres voisins ont rendus si
précieux et si respectables. Puisse leur exemple
être imité pour le bonheur de notre département !

Les progrès de l'agriculture y sont marquans.
Les labourages étoient faits autrefois sans
goût et sans soin ; on sait maintenant livrer à
l'atmosphère une plus grande surface de terre ,
proportionner les socs aux terrains , diviser les
sillons selon les localités ou labourer à plat
dans les sols secs, les engrais sont mieux
choisis qu'ils ne l'étoient, et ceux des bêtes à
cornes, plus convenables aux céréales, y sont
appropriés , au lieu de les laisser comme dans
l'ancien temps, dessécher au soleil ou s'a-

_____

(1) MM. Brune de Souvans , Villier-Véry , Garnier de Fal-
letans , de Germigney, et Dalloz de Rainans.

néantir par les gelées, on les place dans des fosses préparées, on les dissémine et enfouit d'une manière plus convenable; les semences, au lieu d'être uniformes et de dégénérer, sont, dans beaucoup de cantons, variées à propos, et mieux choisies, réglées avec plus d'ordre et plus profondément enterrées afin de les garantir des gelées; les sarclages sont mieux faits, les récoltes plus abondantes qu'elles ne l'étoient. La connoissance des terres, leurs décompositions par des procédés chimiques qui ont conduit à d'heureux mélanges, ont beaucoup contribué à cet avancement propice.

Les instrumens aratoires, sans avoir acquis toute la perfection convenable, se sont néanmoins beaucoup améliorés; trois espèces principales de charrues sont connues au Jura, l'ancien arrère lourd, informe, difficile à manier, et pouvant produire peu d'effet, a été remplacé par un autre construit plus légérement: dans son état actuel il coûte peu de construction, se répare facilement, n'a que de légers frottemens, se développe avec aisance dans les sols légers, se dégage facilement dans les sols humides, abrège les travaux, nécessite un attelage moins nombreux, laboure une plus grande surface de terrain, et en économisant les dépenses, augmente les revenus. Plusieurs

cantons, notamment celui de Bletterans, s'en
servent avec avantage ; la direction en est
confiée aux cultivateurs les plus instruits, qui
sont confirmés dans l'opinion que ses mouvemens et son action, en divers sens, exigent
de l'expérience. Le temps ayant prouvé aux
habitans la bonté de leurs procédés, et ayant
constamment obtenu les plus beaux blés du
département, et, par suite de la manipulation
de leurs farines, les plus beaux pains, ils ont
conservé leur ancienne méthode dont tout leur
prouve le mérite.

La seconde charrue est la composée à avant-
train et ayant, selon les labours à sillons et à
plat, un ou deux versoirs. Celle-ci, est de nouvelle création, a l'avantage de pouvoir être
conduite par toute espèce de laboureurs, et de
conserver une profondeur régulière ; quelques-
unes, mieux perfectionnées, offrent un rac-
courcissement marqué des distances existantes
entre l'avant-train et le train de derrière, et
sont, sous ce rapport, d'un plus grand intérêt.
Depuis quelque temps on a imaginé d'y adapter
une aiguille ou ligne fixée avec des goujons
plus ou moins inclinés et qui servent à diriger
le soc à volonté et à l'enfoncer de même dans
les terres, selon leur degré de force ou de
légéreté. Cette invention est d'un heureux

effet : le cultivateur réglant ainsi ses mouvemens et proportionnant le poids de ses socs à
la qualité de ses terres, parvient de cette manière à les labourer selon ses vrais intérêts.

La troisième charrue est celle créée par le
sieur Hugonet, de Blye, dont les proportions,
d'après le modèle qu'il en a fourni, peuvent
être indiquées comme il suit : le soc a un pied
de longueur, quatre lignes d'épaisseur sur le
devant et trois pouces sur le derrière ; les lames,
de chaque côté, ont six pouces et demi de
largeur, et peuvent être augmentées ou dimi-
nuées selon que l'on veut labourer à une profondeur plus ou moins grande ; le tourrillon
du soc a un pied et demi de longueur, trois
pouces neuf lignes de grosseur près du soc,
et trois pouces à la queue ; la petite barre fichée
à l'extrémité du tourrillon sert à fixer le soc et
à le faire tourner, pour changer, à chaque
tour de charrue, la lame qui marche horizon-
talement dans la terre.

Cette forme de charrue présente, par sa
structure, de grands avantages, soit à raison
de la moins grande pesanteur de son soc, au
double tranchant dont il est armé, à la facilité
avec laquelle les mottes de terres sont brisées
et renversées, et au labourage plus facile
qu'elle procure. Ces avantages ont été appré-

ciées par S. Exc. le Ministre qui a fait décerner à son auteur une gratification (1).

On est parvenu, dans les fonderies, à couler le fer et le préparer, en meilleure qualité, pour les socs, pêles, scies, herses, pioches et autres instrumens dont on se sert habituellement à la campagne, et qui, par leur espèce renouvelée, rendent les travaux plus faciles, plus prompts, plus sûrs et plus économiques.

Des défrichemens considérables ont doublé les ressources de l'agriculture, en rendant productif des sols incultes ; enfin, le signe le plus certain de sa prospérité est l'augmentation sensible de la population qui se porte à un quart au-delà de ce qu'elle étoit il y a trente ans.

Après la culture des terres arables, celle des vignes se distingue. Elle a formé l'objet des combinaisons d'un grand nombre de propriétaires ; leur masse est très-considérable et occupe une grande surface. A peine arrive-t-on au pied du premier plateau de nos montagnes, que l'on est étonné de la grande quantité de vignes des trois arrondissemens, de Dôle, Poligny et Lons-le-Saunier ; les planta-

(1) On ne donne point le plan de ces charrues bien connues.

tions en ce genre s'y sont multipliées depuis quelques années, et tous les sacrifices possibles ont été faits pour augmenter leurs rapports ; ainsi les engrais de bœufs, de vaches, de chevaux, de résidu d'huile, de tan, de marne, y sont prodigués en tout sens. On les travaille avec soin, et surtout dans le canton d'Arbois, où chaque maître paie à ses vignerons, toutes les années, des prix déterminés pour des ouvrages excédant ceux que la coutume et l'usage prescrivent. Pour activer la végétation, on a étudié, selon les espèces, les terrains et les expositions, les divers modes de placement et d'arrangement des ceps ; ainsi, les uns sont alignés, les autres espacés sans ordre, les uns fixés à des échalas ou perches, ceux-là, abandonnés et nullement retenus par aucun lien. Les divers temps pour les tailler, lier et travailler, sont réglés d'après les climats et les habitudes. Il n'existe pas moins de variations dans la manière de traiter la vendange : les uns l'égrappent et la foulent en tout sens, d'autres ne l'égrappent point et la foulent légèrement suivant la qualité des sépages ; ceux-ci la placent dans des cuves dans lesquelles ils l'agitent à diverses reprises, en tirent même du mou qu'ils rejettent sur les gênes, ceux-là la placent dans les tonneaux de couche ou

dans de grandes cuves et la laissent fermenter
sans y attoucher ; les uns couvrent leurs cuves
avec des planches ou des terres grasses, d'autres, au contraire, la laissent à l'action constante de l'air, selon que leur intérêt calculé
le leur prescrit. Le décuvage est prolongé au
moins à six semaines, afin de donner plus de
couleur au vin ; en général, les vins sont bien
manipulé dans le Jura, où l'on a appris à distinguer leur premier âge et celui de leur cadu-
cité, à les dégager de tout tarte et parties
hétérogènes, et à les préparer, par de bons
collages, à un débit avantageux. Les vins blancs
d'Arbois et de l'Étoile justifient de plus en plus
leur bonne réputation que leur sol, leur exposition et leur bonne préparation leur main-
tiendront ; il en est de même des vins de
Salins, de Poligny et de l'arrondissement de
Lons-le-Saunier, jusqu'à la rivière de Seille,
qui obtiennent une juste préférence. Quelques
cultivateurs des villes de Poligny et d'Arbois
fabriquent des vins jaunes et d'autres dits de
paille, en plaçant, lors de la récolte, une
certaine quantité de raisins choisis sur des
planches et en ne les pressant que dans les
trois ou quatre mois qui suivent ; les raisins
ainsi conservés et dégagés de leurs parties
aqueuses, et ayant toutes les sucrées, pro-

-duisent un jus précieux et qui, après quelques
années, est recherché à un prix considérable.

Les anciens pressoirs à roue et à tourni-
quet existent encore en grande partie, mais
ont été rectifiés et produisent avec moins
de peine de meilleurs effets qu'autrefois.
Plusieurs personnes se sont procuré des pressoirs à sommier, d'autres, surtout dans l'arrondissement de Dôle, se servent du petit
pressoir à deux silindres et à levier (1); on
ne néglige rien pour obtenir une pression
active et prompte et avec le moins de force
possible, et l'on profite déjà des progrès que
l'art a fait en ce genre.

La distillation des gênes et des vins a to-
talement changé. Les alambics anciens, de
mauvaise forme, de petit volume, et d'une
forte dépense, ont presque tous disparu et
été remplacés par ceux économiques de meilleures structure et proportion indiquées par
Parmentier, Chaptal et Fourcroy. On em-
ploie même dans quelques parties du département, pour le perfectionnement des eaux-
de-vie, les procédés de Dérome et d'autres
chimistes, et un établissement commencé,

_____

(1) Ce pressoir a été inventé par M. Ecouchard et Boichoz,
de Dôle, et son utilité est démontrée.

d'après leurs méthodes, a déjà obtenu de grands
succès qui vont être poursuivis et récompen-
seront dignement les personnes qui sont à
la tête de cet établissement, et qui, abandonnant de vieux préjugés, pour adopter de
bonnes méthodes, suivent avec confiance les
lumières des savans de ce siècle.

Les travaux de la campagne, la culture
des terres se font avec des bœufs qui, par
la force de leurs corps, la lenteur de leurs
mouvemens, leur docilité et leur patience
sont seuls capables de vaincre les résistances
constantes qu'ils y rencontrent. Leur éducation et leur entretien dans ce département
doivent être connus ; ceux existans dans les
cantons du troisième plateau, principalement
dans ceux des Planches et de Nozeroy, ont
beaucoup acquis en beauté et en valeur ;
les fermages autrefois petits et bas y sont
depuis quelques années construits en grand
et offrent des emplacemens spacieux aussi
sains qu'agréables et commodes ; les écuries
ont suivi cette progression, l'air y joue facilement, elles sont larges et élevées ; les
diverses espèces de bétail y sont rangées selon
leur âge et leur qualité ; leur nourriture est
bien choisie, réglée, les eaux y sont bonnes,
et les fumiers éloignés des habitations ; cet

état de choses contribue à augmenter les revenus. L'espèce de bœufs qu'on y remarque
est aussi belle que celle de Suisse, et les
cultivateurs et fermiers redoublent d'efforts
pour la conserver.

Dans les cantons du second et premier plateau, ils sont de moindre taille et d'une qualité inférieure; on est parvenu à les faire servir non - seulement pour les travaux des
champs et des vignes, mais encore pour le
transport de toute espèce de denrées aux
marchés publics, et pour le service des forges et usines. Obligés de suivre des chemins
rocailleux et de parcourir des montagnes de
difficile accès, ils n'auroient pu résister à ces
diverses marches si l'on eut imaginé de les
ferrer et de leur rendre ainsi le pied solide.

Les bœufs de la plaine sont, surtout
ceux des cantons qui bordent les départemens de Saône-et-Loire et de Côte-d'Or,
de belle espèce, d'un caractère plus sou-
ple et plus docile que ceux des montagnes:
occupés dans les terrains plats, souvent
boüeux et humides, ils ont les pieds tendres
et ne peuvent servir facilement à d'autres
contrées. Après huit ou neuf ans de travail, on les engraisse pour les vendre; la
manière la plus prompte et la plus sûre pour

les engraisser et qui est devenue l'effet de
plusieurs comparaisons , est de les nourrir
de résidu des marcs d'huile de noix et de
navettes qui concourent aussi puissamment
à atteindre ce but que les bons fourrages ,
les légumes et les farineux : leur chair devient par cet usage , plus ferme et plus compacte , en augmente le débit , et amène une
concurrence entre les marchands de la Bourgogne et du Lyonnais.

Les vaches sont très-nombreuses dans notre
département : les cantons de Nozeroy et des
Planches sont encore ceux qui possèdent les
plus belles; dans le pays vignoble , on les
attelle et on en tire pour le labourage et les
transports habituels, un très-grand parti. Cette
éducation particulière soulage la classe pau-
vre et industrielle des cultivateurs en diminuant sa dépense. Le lait des vaches qui
n'étoit autrefois employé qu'à la fabrication
des fromages de Gruyères ou de Septmoncel,
qui se faisoit dans les montagnes des arrondissemens de St.-Claude et de Poligny, est
aujourd'hui employé également dans les fruitières qui se sont établies sur les trois plateaux. Cette nouvelle branche d'industrie
contribue tout à la fois à la nourriture des
habitans et à de nombreux échanges. Il

seroit à désirer qu'un réglement général conciliant les intérêts publics avec ceux des propriétaires, fixât d'une manière invariable, les usages et les modes à suivre dans les fruitières.

Les porcs sont devenus une branche de commerce pour notre département, la variété des produits agricoles, l'abondance des pommes de terre, les nombreux parcours et les glandées des forêts les ont fait multiplier au point qu'ils servent non-seulement à la consommation, mais qu'ils suffisent encore pour les approvisionnemens des départemens du Doubs, de la Haute-Saône et des Vosges.

Les cantons de St.-Julien, d'Orgelet et d'Arinthod élèvent depuis quelques années, beaucoup de mulets, résultat de l'accouplement des ânes et des jumens. Quoique de petite espèce, ils sont fort robustes, d'un bon service et tellement accrédités, qu'ils sont enlevés sans aucune exception par les départemens méridionaux.

Le Jura s'est enrichi par l'introduction des mérinos. Quelques propriétaires, suivant l'impulsion du gouvernement et voulant satisfaire à l'empressement public, s'en sont procuré quelques troupeaux qu'ils élèvent avec soin. Le plus beau de tous est celui qui est parqué à Monvriel, arrondissement de Poligny, appartenant à M. Duhamel du Desert. Rien n'a été négligé par lui pour le maintenir et l'augmenter ; il en a confié la direction à un berger instruit et appelé des provinces étrangères ; son exemple provoque l'émulation.

La masse de notre département est purement calcaire quoique présentant en fragment isolé des vestiges de pétrosilexe et de quartz opaques demi-transparent ou transparant, quelques géodes et pierres silicieuses variées. Ses produits calcaires ont éprouvé, depuis quelques années, une grande augmentation. Les marbres figurent en première ligne ; leur exploitation est devenue progressive d'une manière sensible. Ceux de Molinges sont les plus réputés, ils imitent la brocatelle d'Espagne, étant, quant au fond, cramoisi, nuancé de jaune, parsemé de mouchetures et de veines d'un blanc de lait. La carrière d'où ils sont extraits repose sur le flanc occidental d'un vallon au bas duquel coule la Bienne, qui commence à être navigable dans cet endroit, et près de la route de Lyon. La plupart des bancs sont sans défaut, quelques-uns seulement offrent, par intervalle, des blocs où il existe quelques crevasses, ce qui paroît en altérer la solidité ;

quoique les ouvriers les remplissent avec intelligence. La facilité de les conduire par eau jusqu'à la mer est bien faite pour en augmenter le débit; la beauté de ses veines et sa solidité y concourent également. Un enlèvement considérable en étoit fait il y a vingt ans; quelques divisions d'intérêt entre les propriétaires ont ralenti leur zèle et les ont empêchés de cultiver une mine dont les trésors sont d'un prix infini. Il importe, pour le bien général, que toute division cesse entre eux; l'intervention de l'administration publique ne peut que contribuer à cette fin.

Des découvertes importantes viennent de s'opérer dans le canton de St.-Amour; grâces en soient rendues à des agronomes distingués qui, au milieu de leurs occupations agricoles, ayant remarqué des caractères particuliers dans les pierres des diverses carrières qui les entouroient, se sont livrés à des fouilles nombreuses. Guidés par le désir d'être utiles à leur pays, d'embellir leur cité par une nouvelle manufacture et de pourvoir à la nourriture d'un grand nombre d'ouvriers, ils se sont, dans ce dessein, réunis, et ont formé un contrat d'association. Une volonté prononcée, de la constance dans leur marche, une bonne direction dans les opérations,

la présence d'artistes habiles appelés pour
suivre et exécuter leur plan, les ont mis
dans l'heureuse position de parvenir à leur
but. La nature secondant leurs efforts leur
a signalé une diversité de marbres dont ils
ont tiré un très-grand parti. Dans le cours
d'une année, des scieries sont établies, des
ateliers formés, des blocs de toutes les
proportions extraits, transportés et mis
en œuvre, des marbres des couleurs les plus
variées, rouge, brun cendré, olivâtres, noirs
parsemés de blanc avec des nuances et des
mélanges multipliés, sont tout-à-coup trans-
formés en tables, en vases de toutes les
formes, en devant de cheminées, en colonnes, en meubles de tous genres. Ce spectacle nouveau frappe tous les esprits. La re-
nommée publie bientôt ces découvertes précieuses, le public en apprécie le mérite, que
de nombreuses commandes viennent justifier.
Le Préfet applaudit à cette industrie dont le
Jura vient de s'enrichir; le Ministre de l'intérieur, la société d'agriculture de la Seine,
l'honorent de leurs suffrages. Les départemens
vosins, tout en admirant une entreprise si
belle, en ambitionnent une semblable. Que
d'éloges ne méritent pas ses auteurs! la reconnoissance générale leur est due! puisse

le transport de leurs marbres devenir plus prompt et plus facile par la création tant désirée du canal de Seille! (1)

La commune de Damparis possède des marbres de couleur de chair qui sont répandus dans toutes la province et que l'on voit figurer dans la plupart des hôtels et édifices. On est parvenu depuis quelque temps à les rendre du plus beau poli; leur exploitation a pris un nouvel accroissement par la confection du canal MONSIEUR.

Il en est de même de ceux d'Audelange d'un gris bleu-clair; l'abondance des carrières, la facilité de leur extraction, la modicité de leur prix, ne peuvent manquer de continuer à les faire rechercher.

La commune de Miéry jouit de l'avantage d'une carrière de marbre noir: trois bancs superposés en forment la richesse; le premier est pénétré de turbinité dont la blancheur forme un contraste agréable avec le fond; le second est pénétré d'astérie, l'inférieur est sans accident et sans mélange: ils ont servi à la construction des tombeaux des ducs de Bourgogne à Dijon, aux colonnes

_____

(1) Les actionnaires sont MM. Delacroix, de Dompsure de Cessia, et Dananche.

C

de l'église des dominicains de Poligny, à celle du maître-autel de la chapelle des confallons de Lyon. Des envois considérables en ont été faits, il y a vingt ans, dans le midi de la France. Leur exploitation mérite d'être encouragée et suivie.

Notre musée vient d'être décoré par de nombreux échantillons de marbre des carrières découvertes à ROTALIER; la solidité de leur grain, la beauté de leur espèce variée les fera rivaliser, non-seulement avec ceux du département, mais encore avec ceux des diverses parties de la France. Le zèle de leur propriétaire nous assure qu'il saura utiliser ce nouveau genre de richesse. (1)

Les dépôts les plus importans pour notre département et qui intéressent les véritables géologues, sont ceux des tourbières. Les cantons des Bouchoux et de Nozeroy ne sont plus les seuls qui jouissent de ce combustible; ceux des Planches et de Chaumergy réunissent le même avantage. Ils sont, les uns et les autres, formés de substances végétales à demi-décomposées, et offrent, par intervalle, des fragmens de troncs d'arbres moins alté-

----

(1) M. le Comte de Rotalier, propriétaire des carrières.

rés, surtout dans les endroits où les couches sont moins épaises; ils sont assis sur des fonds argileux, qui présentent des couches de différentes profondeurs, les plus fortes de douze à quinze pieds, les plus foibles de quatre à cinq pieds, lesquelles sont recouvertes par une terre noire très-meuble et susceptible de servir d'engrais; quelques-unes de ces tourbières, telles que celles du Bief-du-Four, dans les endroits où le sol n'a point encore été entamé, présentent un gazon composé par la linaigrette à gaine, que l'on estime contribuer le plus à leur reproduction; des expériences faites récemment ont prouvé que l'on obtenoit autant de chaleur avec vingt-quatre pieds cubes de tourbe, qu'avec trente-quatre pieds de bois, et qu'elle pouvoit être employée à la cuison des plâtres et à toutes les fabriques à chaudières, telles que teintureries, brasseries, salpétreries; que sa cendre formoit un engrais puissant pour les prairies et les chanvres.

Il importe de conserver les dépôts précieux que présentent les tourbières, l'ouvrage des siècles; il faut, à cet effet, établir des règles pour leur exploitation, ne pas permettre qu'elle se fasse isolément et sans forme. Feu M. David St.-George, conseiller au grand conseil, notre compatriote, a présenté ses vues pour cet objet intéressant; il veut qu'elle soit commencée par la partie la plus déclive, afin de favoriser l'écoulement des eaux, et qu'après en avoir circonscrit l'espace, on en découvre avec précaution la superficie, pour que l'extraction faite, on puisse replacer sur le sol exploité, les mottes de gazon, afin d'en favoriser la reproduction, en empêchant que le terrain sur lequel seroient placées ces mottes ne fut ni pâturé, ni foulé aux pieds par le bétail. Le produit des tourbières est devenu, par la rareté des bois, infiniment précieux; il appartient donc à l'administration d'asseoir des basses fixes et réglementaires pour cette exploitation, qui seules peuvent maintenir aux générations futures les ressources qu'elle présente.

Les carrières de gyps que nous possédons à Salins, Grozon, Aigle-Pierre et Courbouzon ont pris, depuis quelque temps, un grand accroissement de valeur que l'on peut attribuer aux constructions nombreuses faites dans les villes. Des puits nouveaux ont été faits et des travaux considérables opérés. Leurs formes, par suite des progrès de l'art, offrent plus de grâces et de solidité. Les propriétaires de Courbouzon ont pratiqué, au pied de

Montorient, une voûte prolongée, large et élevée, par laquelle les ouvriers et les voitures passent pour arriver aux rochers de gyps qui leur appartiennent. Des canaux creusés sur les côtés, servent à diriger les eaux qui pourroient accidentellement en arrêter l'extraction. Cette entreprise aussi dangereuse que difficile, attire en ce moment l'attention des curieux, et fait honneur à l'intelligence de ses auteurs. (1)

Des fouilles faites sur le territoire de Nevy, canton de Voiteur, ont donné naissance à l'exploitation de nouvelles carrières : on en tire notamment beaucoup de gyps à bas prix pour l'amendement des prairies.

Le département jouit des diverses variétés de gyps qui y sont délités et distingués avec beaucoup de soin; les blancs sont perfectionnés et les albâtres-gyps servent à différens ouvrages de décoration, à des portraits, à l'ornement de nos hôtels et maisons.

Les arrondissemens de Poligny et de Dôle ont tiré un grand parti des dépôts d'argile qu'on y rencontre, dont les couleurs distinctives sont grises, brunes, blanches mêlées

---

(1) MM. de Girangy, et Roch, curé de Courbouzon.

de mica. Les fabriques en poterie s'y sont sensiblement améliorées, les terres et sables subissent des épreuves plus soignées, les fourneaux sont mieux établis qu'autrefois, la forme des vases, leur poli, leur vernis ont augmenté de beauté et de valeur.

Des fourneaux de faïence se fabriquent depuis peu à Salins et à Maynal ; l'élégance des colonnes de distribution de fumée et de chaleur, la force et la sureté des enta-blemens, leur ont procuré subitement un débit multiplié ; les ouvriers employés à ces nouveaux ateliers fabriquent des vases de toute espèce qu'ils moulent à volonté, au moyen de leurs excellentes préparations, et qui embellissent la plupart de nos salons et jardins.

L'industrie agricole a été portée si loin, que l'on est parvenu à faire, dans les communes de Migette et d'Orchamps, avec le secours néanmoins de quelques productions étran-gères, de la très-belle porcelaine ; celle de Migette, dont l'exploitation vient de cesser, a fourni, pendant les quinze dernières années, de la porcelaine d'aussi bonne qualité que celle de Nion. Celle d'Orchamps, qui se poursuit avec activité, a de plus beaux caractères en-core et plus riche, et des dessinateurs instruits y sont journellement employés. Ses premières qualités sont magnifiques et d'un grand prix, ce qui doit contribuer à lui garantir la faveur dont elle jouit.

L'argile est utilisée dans tous les arrondissemens, sous diverses espèces, et la brique et la tuile y sont également fabriquées; la brique remplace, dans la partie de bresse pour la construction des bâtimens, les matériaux en pierre, et la tuile sert généralement à couvrir nos maisons. De nombreux établissemens ont été créés: la préparation des terres, leur lessivage et la manière nouvelle de les cuire, ont changé les qualités et les ont améliorées. Les communes de St.-Claude et de Champagnole qui ont éprouvé des incendies parce que leurs habitations étoient couvertes en ancelles, sont parvenues à élever des tuileries qui les préserveront de tout événement ultérieur. Des silindres y sont même établis, ainsi que dans celle qui vient de se monter à Cressia; (1) les matières premières mieux travaillées, les terres et sables mieux divisés, et donnent aux tuiles une solidité et une consistance qui doit les faire préférer.

(1) La tuilerie de M. Gréa fils est une des plus belles du département.

Des tuffes ont été recherchés dans les enfractuosités de nos montagnes , aux sources de nos rivières , en ont été extraits, et servent à toutes les constructions des voûtes de nos temples, édifices publics, de nos maisons et de nos cheminées.

Nous possédons plusieurs sources salées : celles de St.-Lauthin, Tourmont, Grozon et Brainans, qui ne sont point utilisées, que les habitans circonvoisins emploient sans précaution nécessaire et qui leur sont plus nuisibles que profitables. Celles de Salins qui sont tirées du puits dit la Petite Saline, creusé dans le roc calcaire , présentent quinze degrés à l'aréomêtre de Baumé ; étant les plus pures, elles donnent le plus beau sel, et les préparations pour leur réduction en cristeaux salins, ayant été perfectionnés, produisent de meilleurs effets dans leur usage. Les sources de Montmorot, dit du puits Pré Cornod, et de l'Etang du Saloir, comportent, dans un terme moyen, six degrés ; celle du puits de Lons-le-Saunier ne donnent, au contraire, qu'un dégré et demi. Pour augmenter ces degrés, on les élève par des machines hydrauliques et on les fait filtrer à travers des épines ; on parvient ainsi à les dégager en partie des différens corps étrangers qu'elles recueillent à leur source, à travers les tubes qui les contiennent et les routes qu'elles parcourent. Les sels influant sur la santé des hommes et des animaux étant employés dans les alimens ordinaires, entrant dans les remèdes, contribuant à désinfecter l'air, à empêcher la coruption dans le régime animal et végétal, deviennent d'une nécessité absolue; leur qualité ne peut donc être indifférente, et l'on doit, par tous les procédés possibles, l'augmenter en bonté. Il faut, en conséquence, les séparer des parties gypseuses, terreuses, et de l'acide vitriolique dont ils sont empreints. De l'union de cet acide, et de la selenitte, résulte tous les vices dont ils sont affectés, et de cette combinaison naît un sel terreux qui ne se cristalise pas, qui tombe souvent en poussière au fond de la chaudière, conserve de l'amertume, pompe l'air humide, et ne préserve qu'imparfaitement de la putridité; déjà des précautions essentielles ont été prises pour empêcher le mélange de nos sels avec toutes parties hétérogènes, et les séparer entièrement de celles qu'elles tiennent en dissolution. On enlève, à cette fin, les eaux mères qui existent dans les chaudières après les cuites, pour qu'elles

ne se dessèchent point et ne fassent pas corps
avec les sels: pour diminuer la causticité des
eaux, on ne les tient plus exposées, comme
autrefois, à une trop longue et trop forte
ébulition. L'évaporation, qui étoit prompte,
se fait avec plus de lenteur, en imitant sur
ce point la confection des sels marins; on
ne fabrique plus de sel en pain, et les cris-
taux salins de nos salines sont plus purs et
plus beaux qu'ils ne l'étoient. On parviendroit
à leur donner une grande perfection en faisant filtrer les eaux jusqu'à ce qu'elles aient
atteint au moins vingt à vingt-quatre degrés
de l'aréomètre de Baumé, et en ne les faisant cuire qu'à cette époque. Les eaux bien
élaborées seroient substancielles et facilement réduites en beau sel. Une économie
sensible de combustibles seroit la conséquence
de ce principe, car il ne faudroit pas le
tiers du temps destiné en ce moment à sa
fabrication, et les deux tiers moins de
charbon.

Les prix de nos sels, quelqu'amendés qu'ils
soient, sont exhorbitans; les droits que le
Gouvernement et les fermiers y ont affectés
ne sont point en harmonie avec les vrais intérêts de notre département et la fortune de ses
habitans. Ils pèsent surtout sur la classe d'agri-

culteurs et de commerçans. Les cultivateurs ne corrigent la mauvaise qualité de leur fourrage et ne préservent leurs troupeaux de la plupart des maladies qui les poursuivent, qu'avec du sel ; et la conservation des viandes salées, celle des fromages en dépendent essentiellement ; nous devons donc faire les plus grands efforts pour obtenir, dans leur prix, une réduction commandée par tous nos besoins agricoles.

Nos mines de fer sont exploitées avec ardeur et partout, à ciel ouvert. Outre celles qui existoient dans les communes de Moyrans, Dampierre, Lemuy, les Boucherans, Beffia, Binans et Monay, on en a découvert récemment de fort abondantes dans les communes de St.-Laurent-la-Roche et autres environnantes. Elles sont du genre que les naturalistes appellent limoneuses ou de transport ; leurs grains petits, ronds ou ovéoides, de différentes couleurs, quelquefois en masse, et d'autres fois isolées et sans agrégation, servent à alimenter les hauts fourneaux des forges de Clairvaux et de Pont-du-Navoy. La réduction du mineray en gueuses est tellement activée, qu'outre le service des forges du Jura, elle est encore employée dans celui des départemens voisins. Nos forges se sont améliorées d'une manière remarquable : celles de Fraisans, Champagnole, Sirod, Clairvaux, ont augmenté de rouages et de nombre de feux, et celle de Syam est devenue subitement un grand établissement. Des connoissances acquises ont démontré les meilleures manières de fabriquer les fers. On est revenu de l'ancien préjugé répandu par les métallogistes du Nord, que nos mines en grain étoient comme celles qu'ils possèdent en roches, entachées de souffre, et avoient besoin, comme les leurs, de préparations avant d'être employées. Pour parvenir à une bonne fabrication, on ne laisse plus exposé à l'air et à l'humidité le mineray, et on le dépose dans des hangars couverts ; on a, dans plusieurs forges, l'attention de le laver, pour le séparer des parties terreuses et graveleuses dont il peut être mélangé : on parvient ainsi à se procurer de bonnes fontes qui sont la base des bons fers. L'ancienne habitude qu'avoient certains ouvriers de mouiller dans l'eau la première partie de la pièce qu'ils travailloient, afin de pouvoir la manier et reprendre plus promptement, est généralement abandonnée, comme reconnue vicieuse, rendant le fer cassant, en détruisant le nerf et en en altérant le grain. Avec la bonne manipulation de la mine, on a appris à mieux conduire et diriger les feux de forges dont la trop grande action aigrit les fers : c'est en les proportionnant que l'on obtient des fers nerveux, ductibles, et qui, mis au feu de l'affinerie et portés sous le marteau, s'éparpillent peu en étincelles et laissent couler une petite quantité de laitiers. On sait que la force du marteau est indispensable pour la confection du bon fer, qu'il en comprime les parties trop divisées par le feu, en chasse les parties étrangères et le purifie en le consolidant. Des fers de tout genre, de toute espèce, sont fabriqués dans nos forges, ce qui n'existoit pas il y a trente ans, et avec des procédés nouveaux rectifiés. L'activité de ces forges a doublé et procuré au département des échanges et une rentrée en numéraire intéressante. L'excellente fabrication des instrumens aratoires et leur qualité supérieure ont en effet attiré un concours précieux au Jura et avantageux à son agriculture. (1)

L'arrondissement de Saint-Claude se distingue éminemment par les travaux de ses habitans qui excitent l'admiration et provoquent les encouragemens les plus marqués. Les tours qui y existent depuis long-temps s'y sont sin-

_____

(1) On a cru devoir s'occuper de cet article qui a trait à la minéralogie, parce que sans elle l'art de la culture nous seroit inconnu.

gulièrement multipliés et perfectionnés. L'i-
voire, l'ébène, la corne, les os, le buis y sont
métamorphosés en des ouvrages parfaits, et qui,
sous diverses formes aussi belles que gracieuses,
réunissent également tous les suffrages. On est
surpris du fini de ces ouvrages, de leur élégance et du goût qui les a créés. Les manufactures de coton établies à Saint-Claude et à
Moyrans prennent chaque jour plus de consistance et nourrissent quatre cents ouvriers
qui y trouvent de l'occupation. Sortis ainsi de
l'ignorance et du vice où la misère et l'oisiveté
les eussent plongés, ils deviennent utiles à la
société et soulagent leurs familles; de tels
établissemens rendent les mœurs meilleures
et enrichissent le département. Des fabriques
d'horlogerie, de tourne-broches, de tire-bou-
chons, de divers objets utiles aux cultivateurs
et aux vignerons, se sont élevées subitement
dans les cantons de Morez, Saint-Laurent,
les Planches, y ont attiré nombre d'artistes de
la Suisse et y entretiennent des spéculations
nombreuses et un bon commerce. Les meilleurs
papiers du Jura se confectionnent à Saint-
Claude: le choix des matières premières, leur
division et préparation, le perfectionnement
des machines foulantes, la bonté des silindres
et la surveillance exacte des propriétaires en

sont les causes directes. Des lapidaires s'occupent dans ce canton et celui des Bouchoux, à
tailler et polir des pierres, et à leur donner les
diverses couleurs et apparances des diamans;
enfin, dans tout l'arrondissement, les sapins
sont ouvragés en tout genre : des scieries
les réduisent en plateaux et planches, et
la population entière nous les présente en
meubles et instrumens de toute espèce : cette
action, ce mouvement sont, sous plus d'un
aspect, d'une importance majeure ; l'agronomie y trouve surtout des ressources d'un prix
infini.

Après avoir fait remarquér ces changemens heureux, si nous nous reportons à
la culture de nos vergers et jardins, nous
n'éprouverons pas une moindre satisfaction.
Il y a trente ans que les bons arbres et la
manière de les traiter nous étoient inconnus.
Éclairés par les lumières de nos voisins et
ayant reçu d'eux diverses espèces d'arbres,
nous nous sommes empressés, à leur imitation,
d'en rechercher les propriétés, de les placer
dans des sols convenables, de les tailler à
propos, de leur accorder les soins qui leur
étoient propres et de les acclimater. Genève,
Lyon et Dijon nous ont offert de belles pepi-
nières, d'où nous avons successivement tiré

les meilleures espèces ; nos vergers se sont
formés et se sont trouvés embellis d'arbres
à plein vent et à mi-vent, de quenouilles
et d'espaliers variés ; bientôt la cerise incar-
nate s'est trouvée mêlée à la noire et
à la jaune ; les poires et les pommes de
différentes formes et couleurs se sont multipliées, et la variété des prunes et des pêches
est venue nous étonner, et contenter tous
nos goûts. La greffe, cette riche conquête de
l'art, a perpétué les bonnes qualités, nous
a surpris par ses merveilles, et nous a offert,
pour les quatre saisons, des mets sains et
précieux pour tous les âges de la vie ; les
fruits d'été nous ont présenté des ressources
pour réparer nos humeurs altérés et l'épuise-
ment dans lequel nous jettent les ardeurs
de la canicule, et ceux d'hiver prolongent
les bienfaits de Pomone même au milieu
des neiges et des glaces. Il seroit difficile
d'énumérer la masse de fruits que nous nous
sommes procuré et les diverses espèces d'arbres sur lesquels on les recueille. Une col-
lection complète de ceux d'été n'est point
encore en notre pouvoir, et nous ne devons
rien négliger pour l'obtenir : en ménageant
nos plantations, en suivant les bons procédés
pour la taille des arbres, en profitant de

tous les secours qu'offrent la greffe et la hante, nous maintiendrons, non-seulement, mais nous augmenterons nos jouissances.

L'art des jardins s'est également perfectionné : la science théorique développée dans de nombreux ouvrages dont les auteurs ont acquis des droits à la reconnoissance de tous les temps, a été étudiée et suivie. Des propriétaires qui ne vouloient point se livrer à de grands travaux agricoles, se sont fait une occupation particulière de cet objet spécial. Amans de la nature, la vue d'un arbre, d'une plante, d'une fleur dont les germes sont fécondés d'une manière miraculeuse, naissent, croissent, étalent leur beauté enchanteresse, les transportent. Que de trésors ne leur offre pas un sol travaillé par leurs mains ! A peine ont-ils jeté une semence en terre, que recevant, par l'influence d'un beau jour et de l'astre qui nous distribue ses rayons, un esprit vital, ils la voient sortir du sommeil qui sembloit l'envelopper, et, pénétrée d'une humidité féconde, s'ouvrir un passage, franchir tous les obstacles qui s'y opposoient, respirer, se développer successivement, grandir et satisfaire leur empressement. Pour jouir de cet avantage, il faut connoître la qualité des terres et savoir les marier et les approprier au genre de semences et de

D

plantes que l'on veut y placer ; si elles sont
légères , on doit les mélanger avec des argiles
et des engrais doux ; si elles sont , au contraire , fortes et humides , leur mélange avec
de la marne, des sables et des engrais contenant
plus de calorique , tels que ceux de cheval ,
de pigeon , de tan ou de cendres, est indispensable. La silice divise aussi très-bien les
terres , et les gazons de prés en les améliorant , les ameublissent. La connoissance des
plantes propres aux différens terrains , les
variations des semences et semoirs , des cultures et des sarclages , ne paroissent pas moins
essentielles. Ces notions ne sont plus ignorées
de beaucoup d'agronomes intéressans : le
résultat le démontre. Les herbes légumineuses
sont , avec des soins , passées de l'état sau-
vage à un état domestique et élevées à une
perfection telle , que leur ancien régime dis-
paroît pour faire place à un nouveau règne.
Les végétaux, plantés autrefois irrégulièrement
et sans méthode , étoient, par leur rappro-
chement , fruits de l'ignorance et d'une fausse
cupidité, privés d'air et de soleil , et leurs
racines, sans nourriture, ne produisoient rien.
Disséminés aujourd'hui avec précaution , espacés à des distances proportionnelles et que
l'expérience a approuvées , ils respirent avec

aisance, sont vivifiés par l'atmosphère, reçoivent les arrosemens et engrais qui, restituant
à la terre ses sels et ses graisses, leur procurent un suc savonneux, leur premier principe nutritif, et produisent abondamment;
déjà même plusieurs végétaux exotiques riva-
lisent avec nos indigènes, embellissent nos
jardins et font honneur au département et à
nos jardiniers.

Au tableau frappant des végétaux s'unit
volontiers celui des fleurs, dont les pétales
nuancées de mille manières offrent, à l'œil
curieux et étonné, une variation de couleurs
qui se disputent la palme, répandent, par
leur odorat et leur parfum, un baume précieux
dans l'air, présentent la nature parée de
tous ses attraits et portent dans l'âme un
ravissement enchanteur. L'homme généreux et
ami du bien, cultive, avec ces fleurs, les offi-
cinales et médicinales qui, en le récréant par
leur forme gracieuse, lui donnent des remèdes
salutaires et des spécifiques pour une multitude d'infirmités et de maladies. En étudiant
et reconnoissant la vertu de ces diverses plantes
et leur application, il en rend hommage à
l'Éternel, il reconnoît la perfection de ses
ouvrages, sa puissance infinie, son inépui-
sable magnificence, il en admire les bienfaits

sans cesse renaissans. Unissant l'utile à l'agréable, il secourt le malheur et l'infortune, les
soulage dans leurs besoins, et coule des jours
sereins au milieu des heureux qu'il fait et des
bénédictions qu'il en reçoit.

Ces divers progrès qui tiennent aux branches
principales et accessoires de l'agriculture de
notre département sont dus à plusieurs grandes
causes. L'affranchissement des terres en est
une principale. La main-morte qui existoit
dans une grande partie de l'arrondissement de
Saint-Claude et dans plusieurs seigneuries et
hautes directes influoit sur la dépopulation et
le défaut de culture. Des habitans qui ne possé-
doient rien, ne travailloient que pour des maîtres
exigeans, étoient peu encouragés : une espèce
d'abrutissement les rendoient apathiques, et
le désir de se procurer au-delà de leurs besoins
ne les agitoit pas ; serfs et leurs familles,
appartenant eux et leurs biens à leurs seigneurs,
une obéissance aveugle étoit leur partage. A
peine les idées de libertés furent-elles mani-
festées qu'ils prirent tout-à-coup une autre
assiette. L'espoir de posséder quelque chose
en propre, l'idée de la propriété, les électrisa.
Louis XVI, ayant donné le premier l'exemple
de l'affranchissement et répondu favorablement aux suppliques qui lui furent adressées

rendit plus fort l'attachement de ses plus fidèles sujets et s'assura de leur reconnoissance. A son imitation, plusieurs grands de son État affranchirent également les personnes et les biens. La suppression totale de la main-morte et des droits seigneuriaux vint donner de la consistance et de la force à cet état de choses. Dès cette époque mémorable les sols changèrent de nature, des champs stériles devinrent productifs, Cérès et Pomone répandirent leurs bienfaits sur nos contrées, l'uniformité des lois les rendit plus précieux : la disparution des coutumes, l'égalité dés impôts, les places et les honneurs promus au mérite et à la vertu, les récompenses accordées aux services rendus à la patrie, la garantie des droits, des personnes, des propriétés et de toutes nos libertés civiles et religieuses ; voilà les bases et les fondemens de l'État, les sources de notre prospérité agricole, l'assurance de leur durée et de leur irrévocabilité ; quel est le français qui, sous l'influence d'un gouvernement légitime, n'en goûteroit pas les douceurs et les résultats ? Aussi, avec leur existence, sommes-nous certains de voir le propriétaire gérer et administrer ses propriétés avec sécurité, le cultivateur s'occuper de tous les travaux agricoles, le père de famille

élever en paix ses enfans, le négociant se
livrer à toutes ses spéculations, des manufactures paroître et s'augmenter, des ateliers
en tous genres s'elever, les artistes rivaliser de
talens, l'industrie se reproduire sous toutes
les formes, et l'économie rurale profiter de
tous ces avantages.

La France agitée en mil huit cent quinze
ne put résister aux orages qui grondoient sur
elle. La guerre se ralluma dans son sein, et
les puissances alliées occupèrent toutes ses
provinces. Les bonnes institutions, les principes du bien public demeurèrent suspendus.
Les secousses éprouvées, les charges impo-
sées, les pertes en tout genre n'ont pas permis que leur nouvel effet fut prompt. Il faut
du temps pour réparer un vaisseau brisé par
la tempête; il n'en faut pas moins pour calmer
une grande nation troublée, lui rendre la
tranquillité et les bienfaits qui l'accompagnent. La sagesse du Roi est seule capable
de fixer la confiance. Les bonifications que
l'agriculture demande en seront un des fruits
les plus chers.

Un des obstacles qui en arrêtent les progrès,
est le vain parcours. Il s'exerce sur les bois
de haute futaie et les taillis après leur cin-

quième année révolue , sur les terres en friche ou héritages dans lesquels il n'existe ,
ni semences, ni fruits protégés par la loi
ou l'usage. Notre coutume le toléroit et il
règne encore dans notre département. Il y a ,
dit Dunod , page 82 de son traité des pres-
criptions , « une faculté qui vient de la chose
« et qui consiste à en user lorsqu'en le faisant,
« on ne fait aucun droit de préjudice à celui
« à qui elle appartient, *quidne enim alteri*
« *communicentur quæ sunt accipienti utilia ,*
« *danti non molesta.* C'est un reste de la com-
« munauté des biens qui est fondée d'ailleurs
« sur l'humanité et l'avantage de la société
« des hommes. Le vain pâturage que les
« communautés exercent dans leurs territoi-
« res, sur les terres en friche, et sur les
« terres des particuliers, après les fruits levés,
« paroît être de cette nature.

La loi nouvelle l'a maintenu ; c'est ce
qui résulte des dispositions de celle du
28 septembre 1791 , titre 1.er , section 4,
article 2, ainsi conçu : « La servitude de paisson,
« connue sous le nom de parcours , et qui en-
« traîne avec elle le droit de vaine pâture , con-
« tinuera provisoirement d'avoir lieu, lorsqu'elle
« sera fondée sur une possession autorisée par
« les coutumes. »

Le vain parcours est opposé à toute bonne législation ; celle des Romains le prohiboit : sous son empire, tout propriétaire étoit maître de disposer de ses héritages selon sa volonté, et nul ne pouvoit y entrer malgré lui.

Les dispositions des anciens arrêts et réglemens de France tendoient à le proscrire. Un arrêt du parlement de Flandre du 19 juillet 1745, rendu, toutes les chambres assemblées, prononça, sur une question de vain parcours en faveur du sieur Remy, seigneur de Cantin, contre les habitans de cette commune, et fut confirmé par une décision du Conseil d'état du 20 août 1768.

Un édit de mars 1769 rendu pour la Champagne, portoit : « Art. 1.er Qu'il étoit permis « à tous propriétaires et cultivateurs, de clore « leurs héritages de haies, fossés ou autre- « ment, et déclaroit, art. 2, que les terrains « ainsi clos, ne pourroient être assujettis en « cet état, aux parcours, ni à la pâture, « d'autres bestiaux que desdits propriétaires « et cultivateurs, dérogeant, en tant que de « besoin, à toute loi et usage contraires. »

L'édit de 1771 propagea ces principes dont les bons effets étoient évidens. Son article 6 est conçu de la manière suivante :

« Dans les paroisses où l'universalité des

« prairies comme dans celles ou partie seu-
« lement desdites prairies deviennent com-
« munes à tous les habitans, soit immédia-
« tement après la récolte des herbes, soit
« dans tout autre temps limité, il sera libre
« à tous propriétaires ou fermiers de faire
« clore tout ou partie d'icelles qui lui appar-
« tiennent, pour les améliorer ou changer de
« culture. »

L'art. 3 de la section première de la loi
du 6 octobre 1791, a déclaré aussi en principe que les propriétaires étoient libres de
varier, à leur gré, la culture et l'exploitation de leurs terres, de conserver leurs récoltes et de disposer de toutes leurs productions.

Un décret du 30 décembre 1803, rendu
sur l'avis du conseil d'état, a rejeté la demande formée par les bouchers de Paris,
de continuer le vain parcours sur toutes les
terres en jachères de la banlieue de cette
capitale, qu'ils avoient exercé d'un temps
immémorial.

Le gouvernement l'avoit interdit généralement par un décret du 19 thermidor an 4,
et le 28 frimaire an 12, il renouvella cette
prohibition. Enfin, le vœu manifesté par presque tous les conseils généraux de France,

retracé dans le projet du Code rural, tend
à l'entière destruction du vain pâturage,
comme une mesure de la plus haute importance. Qu'il ait été toléré dans ces premiers
temps où les terres étoient couvertes de landes, de bois et de ronces, il ne causoit
alors aucun préjudice ; mais à mesure que
les cultures se sont formées et agrandies,
que des clos ont été faits, il a dû être
proscrit comme funeste et dangereux. Le
vain parcours présente en effet des entraves
invincibles à la destruction des jachères, ne
permet pas la formation des prairies artificielles, accoutume les esprits à la fraude,
à la chicane, amène l'anéantissement des
haies et des fossés, prive les cultivateurs de
ses clos et seconds fruits, dégrade les plantations si nécessaires à la salubrité de l'air,
à la végétation des plantes, empêche le
perfectionnement des races et engendre les
épizooties par l'effet des communications trop
nombreuses et trop rapprochées dans un département où les propriétés sont morcelées
et divisées, et où il n'existe que peu de fermages à grande tenue. Des barres et inter-
dictions sont nécessitées par ces épizooties qui entraînent avec elles une stagnation dans les cultures, dans l'éducation des

jeunes sujets, amènent des pertes sérieuses, et rompent tout commerce, tous échanges, toute opération; un tel fléau ne peut donc plus subsister: en le perpétuant, le propriétaire ne seroit point maître de sa chose, ne jouiroit pas du plus beau droit qui lui est acquis, celui d'en disposer, de la changer de nature, de la bonifier. Ses héritages ne pourroient, par son travail, devenir productifs; c'est inutilement que des fouilles heureuses lui auroient signalé dans leur sein des trésors, dont la société entière pourroit profiter; il devroit dérober à tous les regards ses découvertes et abandonner ses idées généreuses et créatrices. Quels maux n'entraîne pas à sa suite un tel abus. L'ordre public en est troublé, l'agriculture reste au néant, le génie agronome est arrêté au milieu de ses nobles pensées, l'industrie est anéantie par ses bases, toutes relations commerciales détruites, le bien général atteint dans ses sources premières. Combien de motifs graves se présentent pour faire anéantir un usage si pernicieux! Osons espérer que les trois pouvoirs se réuniront au vœu des agronomes pour en détruire jusqu'à la trace.

La suppression des jachères sera la première conséquence de l'anéantissement du

vain parcours. Elle doit occuper tous les agronomes. Le préjugé, plus que le besoin du
repos des terres les a fait maintenir jusqu'à
ce moment, car on les pratique dans les
meilleurs sols de la plaine comme dans les
sites les plus rigoureux des trois plateaux
de nos montagnes. Cette habitude fatale est
extrêmement préjudiciable, nous prive du
tiers de nos récoltes, augmente le prix des
denrées de consommation, altère ainsi nos
ressources. Les terres sont destinées à rappor-
ter; le travail et un labourage mieux suivi
et plus nombreux feront cesser une stagnation funeste, augmenteront nos revenus et
notre aisance. Il existe assez de bras, l'intelligence pour les diriger suffira pour nous
rendre des bénéfices perdus sans causes et
sans motifs. L'essentiel est d'obtenir une masse
plus forte d'engrais nécessaire aux cultures.
La première chose pour y parvenir est d'é-
lever et de nourrir des chevaux, des bœufs,
des vaches et des bêtes à laine, et de rendre leur espèce meilleure.

La possession de haras seroit du plus puissant intérêt pour nous. L'homme doué de la
raison règne sur les êtres qui en sont dépour-
vus. La connoissance des principes, des fins
et des moyens, suites des plus justes compa-

raisons lui ont appris à vaincre la force par
l'esprit, à subjuguer les animaux et à faire
concourir à ses usages leur instinct,
leur pouvoir. Le cheval est, sans contre-
dit, son plus beau triomphe, et, comme
ledit Buffon, sa plus belle conquête; ses
proportions, ses formes, le mettent au rang
des premiers quadrupèdes. En temps de paix
il est tour-à-tour employé à l'ornement et à
la magnificence, et à tous les travaux agricoles et industriels; en temps de guerre il
traîne les convois, toute l'artillerie et assure
le salut des armées; il marche fièrement au
combat, s'élance avec impétuosité au milieu
des combattans, sauve son maître ou meurt
avec lui. Attentif à toutes les positions, à
toutes les allures, à tous les mouvemens
qu'il veut lui faire prendre, constamment docile, il va, vole, ou s'arrête selon ses volontés dont il exprime toutes les nuances
et toutes les variations. C'est dans le but
de changer les mauvaises races dominantes
et d'améliorer celles qui existent, que les haras
doivent être formés. Une loi du 4 juillet 1806
en autorisoit l'établissement. Le gouvernement voulant même les favoriser accordoit
des primes aux possesseurs des plus beaux
étalons; leurs noms étoient proclamés et ils

recevoient au milieu des fêtes et des rassem-
blemens nombreux de grandes récompenses.
De nouvelles dispositions ministérielles, dont
les effets ne sont pas encore bien connus,
paroissent en renouveler les dispositions et
tendre à propager l'encouragement. Des haras
formés par division présentent quelque avantage, et celui de Besançon nous fournit
quelques étalons; mais une seule espèce de
chevaux peut convenir à notre pays, ceux
destinés à l'artillerie, aux convois, aux roula-
ges et à l'agriculture sont les seuls que nous
pouvons élever, et ce seroit en vain que nous
nous livrerions à l'éducation de tous autres;
la nature a posé des bornes aux projets
humains et réglé les limites de leur pouvoir.
Nous réunissons les choses nécessaires à cet
effet. Notre climat, quoique froid dans nos
montagnes du troisième plateau, peut être con-
sidéré comme tempéré. La coupe et les an-
gles des côtes y rendent l'air pur. La partie
haute étale des parcours multipliés dont les
sucs nutritifs peuvent donner aux élèves un
prompt développement; les orges et avoines
qui en sont les principaux produits deviendroient pour eux une nourriture secondaire
digne de remarque.

La partie basse compte au nombre de ses

meilleures propriétés, ses prés et ses bois, et
si l'on y rencontre des lieux marécageux,
l'industrie peut aider à la nature, et ces
deux agens réunis changer des lieux infects
et stériles en des lieux sains et productifs:
les eaux qui existent presque partout en
bonne qualité, contribueroient à la santé
et au développement des chevaux. Enfin des
sites avantageux appellent la formation des
haras. Pour obtenir de bons poulains, un
choix d'étalons et de jumens est nécessaire;
les étalons doivent, autant que possible, avoir
le poil bon, la taille grande, de la liberté
dans les épaules, de la sureté dans les
jambes, de la souplesse dans les jarets, de
l'agilité, de la docilité, de la sensibilité
dans la bouche, du courage et un bon caractère: les jumens, sans réunir le même
degré de beauté, et de bonté doivent avoir
du poitrail, de l'encolure, une croupe prononcée. Les couples doivent en un mot être
bien assortis, en évitant tous vices de cons-
titution et de tempérament, et toute dis-
proportion choquante, afin d'obtenir de
beaux sujets. La variation des races est un
moyen sûr d'en augmenter la valeur. La différence des sols et des climats en produit
dans les affections, la force et la vertu. Pour

avoir de bons grains et de belles fleurs, il faut échanger les terrains et les semences; il faut de même, pour avoir de bons chevaux, croiser les races : c'est ainsi que la forme se perfectionne, que la nature prend une face nouvelle et produit ce qu'il y a de plus parfait. La Suisse et les cercles d'Allemagne nous offrent de grandes ressources : en les utilisant nous parviendrons, par une économie bien entendue, à ne plus être tributaires de l'Étranger, à enrichir notre département, et à reconquérir l'ancienne réputation de notre province.

Les étalons ne doivent point être accouplés avant l'âge de quatre ans révolus, et on ne doit leur permettre de saillies que tous les deux ou trois jours. Le moment où la chaleur cesse, est indiqué comme celui où la jument a retenu. Des soins particuliers lui sont nécessaires lorsqu'elle met bas, ainsi qu'une nourriture tout à la fois substantielle et rafraîchissante. Pour conserver ces jumens dans un bon état et leur maintenir toute leur vigueur, il sera bien, quoiqu'elles présentent de la chaleur quelque temps après leur délivrance, de leur refuser la saillie et de la réserver pour l'année suivante. Les poulains et pouliches après avoir tété cinq ou

six mois au plus, seront nourris avec du son
et du foin; il faut les accoutumer graduellement au vert, en redoutant pour eux les
grandes pluies et les grands froids. On aura
soin de proportionner les harnais à leur taille,
afin de leur ménager de l'encolure et de prendre toutes précautions pour qu'ils aient la
bouche plus sensible et puissent se former,
par là, à tous les mouvemens qu'on désirera
leur imprimer. Les attelages devront être aussi
proportionnés à l'âge, la taille, l'espèce et
le poil. Les haras doivent comprendre diverses
enceintes, pour séparer les jumens des poulains et empêcher des rapprochemens trop
précoces qui les énerveroient. De la propre-
té et du bon entretien des écuries, des soins
journaliers et réguliers, de la bonne qualité des eaux et du choix des alimens, dépen-
dront les succès des races. On ne doit hongrer
les chevaux qu'à deux ou trois ans, au lieu
de quinze à dix-huit mois, temps auquel
on les opère sans ménagement.

Les chevaux sont sujets à des maladies,
surtout dans les premières années, et
veulent un traitement suivi, prompt et éclairé;
des artistes vétérinaires existent au Jura, mais
leur nombre n'est point assez fort, et il y en a
trop peu de salariés et de rétribués. Ce vice

E

d'institution , ce défaut de juste répartition
est un mal réel qui cause de grands malheurs.
Des personnes inhabiles, sans connoissance,
sont appelées pour les suppléer, et, au lieu
de guérir, donnent la mort ou des infirmités
incurables. Il est peu de parties qui provo-
voquent d'une manière aussi pressante la
sollicitude des administrations. Une bonne
organisation en ce genre, une distribution
convenable d'artistes distingués dans l'hip-
piatrique , garantiront l'agriculture de pertes
énormes et de stagnation subite dans les travaux , assureront les bonnes espèces et main-
tiendront les justes espérances des propriétaires.

Les bœufs qui sont utiles de tant de manières n'ont pas encore atteints le degré de
beauté et le caractère qu'ils peuvent avoir :
plusieurs causes y apportent des obstacles que
le croisement des races, la qualité des étalons,
et la fixation des temps pour leur accouplement feroient disparoître. On sait que les
espèces s'abâtardissent , qu'il faut les renouveler , et qu'on n'obtient de grands résultats qu'en
se procurant, hors de la contrée , des sujets
propres à la régénération; que des essences
plus fortes , meilleures , parviennent à améliorer les qualités. Pour la partie des mon-

tagnes, les étalons suisses, et pour celle de
la plaine, ceux du Charollais et des Dombes
peuvent facilement seconder nos desseins,
puisque nous touchons également aux cantons
helvétiques et à la Bresse. On doit choisir
les étalons parmi ceux qui ont la queue, les
cornes et les oreilles longues, les épaules
larges et le regard fier. Des proportions assi-
milantes doivent se rencontrer dans les vaches.
Au lieu de faire les accouplemens des taureaux
à dix-huit mois et des vaches à un an, ils
doivent être retardés, pour les taureaux,
à trois ans, et les genisses, à un an,
et opérés dans le temps où celles-ci offrent la
plus forte chaleur. Des précautions particu-
lières qui n'existent qu'imparfaitement, doivent
suivre cette marche ; les vaches doivent être
mieux nourries les six semaines qui précèdent
leur délivrance, et on doit s'abstenir de les
traire pendant ce temps : les dix jours qui
suivent cette délivrance nécessitent l'usage des
farineux, des breuvages tièdes, des litières
renouvelées et abondantes ; et, pour que les
nourrissons profitent et deviennent vigoureux,
il faut leur laisser exclusivement, pendant
quarante jours, le lait de leur mère. En suivant l'éducation des élèves ainsi traités et
que l'on doit prendre dans la classe de ceux

nés en avril , mai et juin , la saison étant plus
propre à leur développement , et en les accou-
tumant par gradation au joug , on obtiendra ,
à trois ans , des bœufs forts et nerveux dont
le service peut se prolonger jusqu'à douze
ans , temps auquel ils sont engraissés pour
être vendus. On a cru remarquer que les veaux
qui avoient subi la castration au printemps
de l'âge et qui avoient survécu à cette opération, devenoient plus forts , plus robustes,
s'engraissoient plus facilement et étoient préférés pour les travaux par les cultivateurs et
pour la vente par les commerçans. Des soins
domestiques qui ne sont point accordés généralement, contribueront à améliorer les espèces
et à les rendre parfaites ; ils consistent dans
le choix et le réglement de la nourriture , et
dans la précaution de ne point donner aux
bœufs des herbes trop vertes et d'une manière
trop précipitée , de tenir leurs étables propres ,
de les étriller tous les jours et de leur laver
souvent la queue , les cornes et les yeux.

Nos vaches, à part celles de deux cantons
de l'arrondissement de Poligny (1), sont
petites et n'offrent que par intervalles de belles

(1) Les cantons de Nozeroy et des Planches.

formes. Leur trop grand nombre, des vices dans leur traitement habituel, en sont les causes principales. C'est un mauvais calcul que de nourrir, sans aucun bénéfice, une multitude de vaches maigres, n'ayant que peu de lait, exigeant des peines considérables, la multiplicité de domestiques, et des écuries plus grandes dans lesquelles elles sont entassées, respirent à peine et contractent des infirmités et maladies contagieuses qui les détruisent presque en totalité. Il seroit plus convenable de proportionner leur quantité à celle du fourrage que le climat peut produire, et de n'en conserver qu'autant qu'on pourroit en nourrir convenablement ; de cette manière, nous en aménagerions de belles espèces, plus abondantes, et qui, en diminuant les dépenses, augmenteroient les revenus. On obtiendroit ainsi avec la qualité du bétail, une qualité dans les fromages et assurance dans ses débits.

Les vaches des montagnes qui vont au premier mai dans les chalais, ne sont pas toujours garanties des froids qui règnent après cette époque, et nuls approvisionnemens de fourrage pour les nourrir, les jours où la neige les empêche de pâturer, ne sont faits. Cette négligence amène souvent des accidens graves, capables de ruiner les propriétaires.

Les vaches de la plaine sont tenues très-
salement, couchées au milieu de leurs fumiers,
mal logées et mal nourries, et périssent souvent avant l'âge. Il n'y a qu'un certain nombre
de propriétaires qui, guidés par un intérêt
mieux entendu, exercent une surveillance
active sur leur bétail. En général, les écuries
doivent être plus saines et plus élevées, les
fumiers enlevés journellement et portés loin
des habitations, les foins et les pailles mieux
choisis; avec ce mode que l'économie rurale
réclame, on changera l'existence et l'espèce
des vaches dans cette partie du département.

La multiplication et la conservation des
bêtes à laine n'est pas moins importante :
elles améliorent le sol qui les nourrit, donnent de la valeur au plus ingrat, produisent
du grain par leur engrais, fournissent du lait,
de la viande, des graisses, des peaux, des
os, des laines, en un mot ce qui est en partie
nécessaire pour nous nourrir, vêtir, éclairer
et meubler. Il n'est pas un de nos arrondissemens qui ne puisse en comporter un grand
nombre et où elles ne puissent être élevées
avec succès. Les quantités de côtes qui y existent présentent des parcours qui leur sont
très-convenables. Les bruyères et feuilles des
frênes et autres arbres de nos bois ne leur

sont pas moins favorables ; la température et
les eaux de notre département paroissent aussi
leur convenir : nous ne devons donc rien
négliger pour entretenir et perfectionner celles
que nous possédons. Le choix des races doit
être fait avec discernement, le croissement
des mérinos et des indigènes nous procureroit
une espèce de métis qui l'emporteroit de
beaucoup, par leur taille et leur force, sur
celle qui existe dans nos campagnes. Les béliers
devroient encore être choisis parmi ceux qui
ont les cornes fortes, le cou gros, le corps et
la queue longue et les oreilles grandes, et les
brebis, parmi celles dont la laine est la plus
abondante et la plus soyeuse. Leur accouplement ne doit être toléré, pour les béliers,
qu'à trois ans, et les brebis, qu'à deux ans,
au lieu du terme rapproché de dix mois et
d'un an. Un bélier suffit à vingt-cinq brebis,
et c'est dans cette proportion qu'ils doivent
être répartis dans la bergerie. Il est nécessaire
d'aider la brebis dans l'accouchement, les
agneaux étant souvent mal placés, ce qui
occasionne, en cas de négligence et de défaut
d'attention, des pertes notables ; de lui enlever
son premier lait toujours mauvais, de la nourrir
de son mêlé de sel, de lui donner une boisson
tiède mêlée de farine d'orge, pendant les

cinquante jours auxquels doit être prolongé
le nourrissage qui, jusqu'à présent, est réduit
à trente ; l'on doit éviter les grandes chaleurs
et la forte humidité qui nuisent aux troupeaux, ne pas les trop faire voyager, ce qui
les affoiblit, ni les forcer à des courses précipitées, ce qui les étouffe, les parquer en
été et les abriter en hiver. Les moutons, qui
vivent à peu près quatorze ans, n'engendrent
plus à huit, et ne pouvant être engraissés
qu'une fois, doivent l'être à cette époque pour
être vendus de suite ou livrés à la boucherie.

Pour conserver les troupeaux, il faut les garantir des maladies qui peuvent les attaquer,
notamment de la clavelée, la plus fréquente et
la plus destructive, qui porte avec elle la
désolation et ruine les propriétaires en détruisant toutes leurs spéculations. Les ravages
qu'elle fait nous autorisent à en indiquer les
causes et les premiers moyens préservatifs. Le
dégoût, la lassitude, la tristesse dans l'œil,
annoncent cette maladie, dont l'essor se mani-
feste par des boutons de la grosseur d'une
lentille aux ares intérieurs ou extérieurs, aux
pourtours des yeux et de l'anus, et se répandent sur tout le corps. Lorsqu'elle règne dans
l'été, elle parcourt avec moins de danger ses
phases qui sont, l'évaporation, la supuration,

la dessication ; dans les autres saisons de l'année, notamment à la fin de l'automne et dans l'hiver, elle est plus grave, souvent confluante et morbifique ; les boutons sont alors entourés d'une auréole rouge, les organes intérieurs attaqués et la fièvre typhode compliquant l'affection principale, amène bientôt l'altération de la vue, la chute de la laine et la paleur des membranes musqueuses, funeste avant-coureur de la mort ; la clavelée n'est point une maladie endémique, mais volatille ; elle se contracte par le contact médiat ou immédiat et le toucher d'animaux qui en sont affectés, par le séjour dans les lieux où ils ont résidé, et par le transport de leurs peaux. La contagion se répand, ou par bouffée ou successivement, et infecte promptement les troupeaux. Le moyen le plus sûr de les en préserver seroit la clavellisation qui, faite avec précaution et dans un temps opportun, garantiroit dans vingt jours et à perpétuité les individus : si l'innoculation et la vaccine sont généralement accueillis et approuvés, on doit avoir les mêmes espérances pour la clavellisation. D'autres moyens généraux préservent les troupeaux du claveleau : ils consistent à ne point les conduire aux foires, à éviter les routes et chemins qui sont fréquentés pour y arriver ou en sortir.

Dans le cas de crainte de la maladie , il y faut renouveler l'air des étables , donner aux troupeaux de meilleurs alimens , les parquer au besoin ; et si elle vient à se manifester , il faut de suite séparer les individus attaqués et les traiter isolément.

L'art. 4 de la loi du 16 juillet 1794 et l'arrêté du Gouvernement du 27 messidor an 5 , ordonnent aux maires et aux propriétaires de faire la déclaration prompte de toutes les maladies contagieuses. L'exécution sévère de ces lois et ordonnances mettroit les autorités à même de diriger à propos les secours de l'art, empêcheroit des pertes sérieuses qui frappent souvent , non-seulement une commune, mais des cantons entiers.

Pour élever des chevaux, bœufs, vaches et moutons , il est nécessaire de se procurer d'abondans fourrages , de cultiver les prés qui sont la base de l'agriculture dont les produits dépérissent par les mauvaises qualités d'herbes qu'on y laisse engendrer. Parmi une foule de parasites qui sont connus, les principales sont les marguerites , les renoncules, les carottes et panets sauvages, les oseilles , les cigües , les genets , joncs, laiches et toutes les plantes aromatiques qui , toutes plus vigoureuses que les bonnes , s'emparent du terrain à leur détriment et les font périr. Comme elles sont presque toutes connues , il faut leur faire la guerre à coups de bêches et de pioches , car si on les laisse régner, il n'y a plus de ressource que de mettre les prairies en champs pendant quelques années , et de les rétablir ensuite dans leur premier état; à cet effet des travaux sont indispensables. Dès que la moisson est terminée , il faut défoncer le sol à la profondeur de dix pouces ou de deux fers de pêle , niveler la terre au printemps lorsqu'elle a été bien ameublie par les froids de l'hiver. La graine à semer doit être recueillie les années précédentes lorsqu'elle est bien mûre , en coupant avec précaution les sommités des plantes de celles que l'on veut disséminer, lesquelles ne peuvent l'être qu'après avoir été séchées, battues, vannées avec soin : les trois espèces excellentes sont les fromentales , les grands treffles, le foin élevé ; c'est du semi d'où dépend la prospérité des prairies. La première année elles n'ont pas besoin d'irrigation , il suffit de leur en procurer l'année suivante , parce qu'alors les terres ne peuvent plus être entraînées et ne peuvent plus s'ébouler. Malgré la précaution qu'on aura eu de ne jeter dans son terrain que de bonnes sortes d'herbes , il ne manquera pas

d'y en croître d'autres dont les vents transpor-
teront les semences, et qui viendront partager
leur nourriture et contrarier leur accroissement;
leur destruction doit être opérée de suite,
afin d'empêcher qu'elles ne prennent racine.
Au moyen de cette extraction, les prairies
nouvellement créées conservent leurs bonnes
essences d'herbes qui tallent, se joignent,
se pressent, font corps et ne permettent plus
l'introduction des mauvaises.

Quand un pré devient mousseux ou que
le séjour des eaux prolongées y fait croître
des joncs ou genets, il faut recourir à la
chaux, au plâtre, aux cendres lessivées dont
les propriétés alcaliques ont la vertu de les
détruire. L'irrigation bien dirigée double les
produits des prés, il faut donc ménager les
eaux et les distribuer avec un soin particulier, empêcher que ces eaux ne croupissent,
établir pour cela des rigolles dans la partie inférieure, ne la faire entrer que dans
les premiers jours de mars, moment où
l'herbe commence à verdir, et la supprimer
quand les fleurs commencent à paroître. Des
engrais sont souvent nécessaires aux prairies
et doivent toujours être placés avant l'irrigation; la qualité du foin ne consiste pas
dans une maturité complète, l'herbe cou-

pée au moment de sa pleine floraison
contient beaucoup plus. de mussillages et
de principes sucrés que lorsque la fleur passe
à l'état de graine, est beaucoup plus nutritive, et devroit toujours être coupée plutôt
que plus tard. De toutes les récoltes, celle
qui demande le plus de célérité, est celle
des foins. Cependant ils ne peuvent être
enlevés que lorsqu'ils sont parfaitement secs,
car, dans le cas contraire, ils offriroient des
dangers. Mais on le répète, les récoltes ne
peuvent être abondantes et bonnes, et les
terres productives, qu'autant que les irrigations
seront faites utilement et à propos.

L'aménagement des eaux, l'entretien et
la conservation des digues et barrages est
une des branches principales de l'industrie
agricole, et comme ils intéressent principalement les terres et prés, c'est ici le moment de s'en occuper. Pour établir des dérivations utiles, la connoissance des divers
cours des rivières, des sols sur lesquels elles
roulent leurs eaux, des sables, limons, pierres
calcaires qu'elles entraînent, des attérages
qu'elles peuvent former, est indispensable.
Leurs établissemens doivent être en harmonie
avec le système de conservation et d'amélioration qui leur donne naissance, être d'ac-

cord avec les intérêts des propriétaires voisins
et avec la législation en vigueur.

D'après le droit naturel, les eaux étoient
une chose commune dont chacun pouvoit
disposer : selon le droit civil, basé sur les
principes les plus sacrés de l'ordre social, elles
sont devenues, savoir, celles des rivières flottables et navigables, domaniales, et celles
des petites rivières, seigneuriales. Les premières
étoient, conformément aux lois romaines, laissées entre les mains du prince, et nos ordonnances de 1407, 1554, 1572 et 1669, en ont
confirmé les dispositions : les secondes dé-
pendoient de la directe des seigneurs qui
seuls pouvoient en faire des concessions plus
ou moins étendues. Cet ordre a subsisté jusqu'à la promulgation de la loi du 28 septembre 1791, portant, art. 4, tit. I.er :

« Nul ne peut se prétendre propriétaire
« exclusif des eaux d'un fleuve ou d'une
« rivière navigable. En conséquence tout
« propriétaire riverain peut, en vertu du droit
« commun, y faire des prises d'eau sans
« néanmoins, ni détériorer, ni embarrasser
« le cours d'une manière nuisible à l'utilité
« générale et à la navigation établie. »

Ce dispositif étoit contraire au vœu des
art. 42, 43 et 44 de l'ordonnance de 1669,

défendant à toutes personnes de détourner les eaux d'une rivière navigable ou d'en affoiblir même le cours par des tranchées ou fossés; contraire à la loi du 1.er décembre 1790, sur les domaines nationaux rangeant dans cette classe, les rivières navigables et leurs rives; il étoit introductif d'un droit nouveau dont on abusa et qui ne dut pas long-temps subsister étant dérogatoire aux grandes maximes du bien public. Un arrêté du gouverment du 19 ventôse an 6 ordonna en effet la démolition de toutes usines, canaux, chaussées, ponts, batardeaux, écluses élevées sans titre sur des rivières navigables, et enjoignit aux administrations départementales de veiller à ce que nul ne put faire, dans ces rivières, des prises d'eau ou saignées, même pour l'irrigation des terres, qu'après y avoir été autorisé par elles. L'art. 538 du code civil a rétabli, dans leur entière plénitude, les anciens droits, en déclarant que les fleuves et rivières navigables ou flottables étoient considérés comme un domaine public. L'art. 644 du même code a rendu ces drois plus certains encore en s'expliquant sur les eaux des sources ou rivières non navigables.

« Celui, dit-il, dont la propriété borde « une eau courante autre que celle qui

« est déclarée dépendant du domaine public
« par l'art. 538, au titre de la distinction
« des biens, peut s'en servir à son passage
« pour l'irrigation de ses propriétés. »

L'art. 645 veut que les tribunaux, en pro-
nonçant sur les contestations qui s'élèvent
entre les propriétaires sur les cours d'eaux,
concilient l'intérêt de l'agriculture avec le
respect dû aux propriétés, et observent
les réglemens particuliers et locaux sur
l'usage des eaux. Ainsi nulle prise d'eau
ne peut se faire sur des rivières flottables
sans l'autorisation du gouvernement répré-
senté par ses agens, et si les prises d'eau
sont permises dans les rivières non navigables, la hauteur des déversoirs doit toujours
être réglée administrativement. Toutes les
digues, écluses, dérivations pratiquées sur
les rivières du Doubs, de la Loue, de l'Ain
et de la Bienne, dans les parties où elles
servent à la navigation, ne peuvent exister
qu'autant qu'elles portent sur des concessions
solennelles, et il ne peut y en être établies
qu'avec ces formes essentielles : soit donc
qu'il s'agisse d'élever des barrages pour l'irrigation des terres ou la construction d'une
usine, il faut également recourir à l'autorité.

L'usage des eaux pour l'irrigation des terres, soit qu'elles proviennent des rivières navigables ou non navigables, est d'une grande
importance pour l'économie rurale. Leurs prises
calculées avec justesse sur les pentes et les
diverses inclinaisons, leur divertissement dans
plusieurs canaux directs ou obliques, leur division ou subdivision bien ménagées, faites
à propos et dans des temps propices, produisent une forte végétation, fertilisent les terres
et conduisent à des résultats immenses.

L'expérience, l'instruction, la comparaison
des localités, des températures, des expositions,
déterminent le bon agronome, et lui appren-
nent à ne pas se tromper sur l'adoption des
sages mesures. L'irrigation des prés doit surtout, comme nous l'avons prémis, être faite
à des époques convenables, et les eaux y
être dirigées lorsque le soleil commence à avoir
de la force et de l'action, et en être retirées
lorsque les terres ont pompé assez d'humidité pour ne plus être desséchées par
les chaleurs. Une erreur grave règne dans
les campagnes sur le temps prolongé des
eaux dans leurs prés, et un grand nombre de
propriétaires se sont faussement persuadés
que plus elles y restoient, plus elles les bo-
nifioient, tandis qu'il est démontré que leur

F

séjour indéfini détruit les semences choisies
et dénature les meilleurs héritages. Les anciens avoient apprécié cette vérité, c'est ce
qui résulte de ce passage des géorgiques de
Virgile, *jam prata bibere;* imitons leurs bons
exemples, profitons de leurs bonnes doctrines
lorsque le temps les a consacrés.

Les formes de digues nécessaires aux prises d'eau, soit qu'elles soient fixes ou mobi-
les, doivent être déterminées selon les besoins
et réglées sur des projets faits par les ingénieurs lorsqu'elles sont opérées sur des rivières navigables, de même que lorsqu'il
s'agit de dérivation pour le jeu d'usine dont
les machines, rouages, mécaniques et mouvemens doivent dépendre intégralement du
volume d'eau qui leur est nécessaire; les
mêmes formalités sont à observer pour un
premier établissement comme pour des travaux d'entretien. Elles seroient facilement
remplies si les autorités départementales les
régloient, mais elles ne peuvent donner qu'un
avis. Les desseins, les profils, les diverses
coupes, les devis doivent être soumis au conseil des ponts et chaussées. Les lenteurs iné-
vitables apportées aux décisions donnent
lieu souvent à des changemens que les orages, les rigueurs de l'hiver ou l'intempérie
des saisons nécessitent, et viennent retarder

toute opération : un nouvel examen détermine
d'autres opinions, l'amour-propre intervient,
et des imperfections apparentes que l'inspection des localités feroit disparoître, font
naître la pensée que les règles de l'art n'ont
pas été suivies, que les plans n'ont pas la
rectitude qui devroit leur appartenir, et font
rejeter les projets ou leur en font substituer
d'autres inexécutables ; des explications difficiles, délicates, de la part des parties et
des ingénieurs, et de nouveaux tracés conduisent rarement à de bonnes fins. Au milieu des discussions prolongées et intermina-
bles, tout périclite, tout se dégrade, tout
s'anéantit, les terres et prairies sont desséchées
et sans rapport, des dégradations premières
en entraînent de plus fortes et ruinent
toutes les espérances. On conçoit que les
plans de nivellement, ceux des digues et des
ouvrages accessoires seroient promptement
faits et exécutés si les autorités locales pouvoient les apprécier et approuver ; les accidens seroient prévus, les obstacles levés, les
moyens et les modes d'exécution faciles et
les intérêts de tous consolidés.

Un des objets que notre agriculture solli-
cite le plus ardemment, est la formation de
digues capables d'empêcher les ravages des

rivières de la Loue et du Doubs. Les plus riches propriétés sont dévastées et englouties; les habitations même sont menacées, chaque année le désordre va en croissant et menace d'un désastre absolu : les meilleurs cantons des arrondissemens de Dôle et de Poligny sont victimes des événemens que causent les débordemens et les inondations de ces rivières. Que de considérations graves provoquent des mesures de conservation! Les terres sont partout minées, les eaux s'y frayent des passages, en enlèvent des parties principales qu'elles entraînent, en transportent d'autres sur les rives opposées où elles forment des alluvions au profit d'étrangers, les héritages sont couverts de limons, de pierres, de sable, deviennent improductifs; le cultivateur n'ose y jeter des semences qu'avec crainte, et chaque jour il tremble de se voir privé de toutes récoltes. Cette inquiétude ne lui permet, ni de fumer ses champs, ni de se livrer à aucun calcul tendant à les améliorer. L'industrie et l'art agricole se trouvent également paralysés. Cet état que des accidens toujours renouvelés perpétue, laisse les fortunes incertaines, et le sort des familles douteux. Les habitans invoquent des secours dès long-temps, s'adressent à leurs magistrats et

n'en n'obtiennent que des espérances qui ne
se réalisent pas.

Le gouvernement sentira la nécessité d'en-
tourer d'une plus grande confiance les préfets, de leur attribuer des pouvoirs plus
étendus, de s'en référer à leur jugement
sur les matières qui, préparées et élaborées
par les fonctionnaires locaux, doivent, dans
l'intérêt public et particulier, être promptement traités. En leur laissant la latitude de
statuer en premier ordre sur des affaires qui
ne peuvent se régler qu'à vue des lieux et
des renseignemens pris sur place, on parviendroit à des améliorations notables, à une
exécution facile et à faire le bien tant désiré.
Les citoyens rapprochés de leurs juges feroient entendre leurs plaintes, leurs besoins ;
tous les intérêts seroient mis en présence, les
parties entendues dans leurs moyens et exceptions et rien ne pourroit arrêter le cours de
la justice. Les bienfaits de cette nouvelle at-
tribution se feroient sentir puissamment, le
système des propriétés en seroit affermi, et
les familles y trouveroient l'assurance, par
suite de mesures promptes et sages, de conserver leur fortune et de la transmettre à
leurs descendans.

Les prairies artificielles doivent unir leurs

produits à ceux des prairies naturelles pour nourrir les bestiaux et former des engrais; leur utilité est généralement reconnue, et les membres de la Société d'agriculture de la Seine en ont présenté tous les avantages. Elles sont à peine connues dans notre département. Quelques propriétaires des arrondissemens de Lons-le-Saunier et de Dôle sont les seuls qui s'occupent de leur culture; en la pratiquant on anéantira les jachères et on rectifiera les assolemens, elle convient à toutes les parties du Jura, et la montagne comme la plaine peuvent en ressentir les heureux effets. Trois espèces principales d'herbe, peuvent lui convenir, le sainfoin ou esparcette qui dure dix ou douze ans, selon la qualité des sols, mais dont les propriétés sont telles qu'elles disposent les terres les plus arrides à porter du froment. Les terrains pierreux et sablonneux et crayeux des arrondissemens de St.-Claude et partie de Poligny, peuvent être disposés à en recevoir les semences.

La luzerne plus productive et dont les récoltes se prolongent jusqu'à douze ou quinze ans, exige un sol meilleur et tels que ceux que présentent les cantons du premier plateau et de la plaine du département; elle peut être

coupée quatre fois par an et donne des récoltes très-abondantes.

Le trèfle rouge ou grand trèfle peut croître
dans tout le Jura et entrer facilement dans
la rotation des assolemens, avec d'autant plus
de raison qu'il ne se récolte que deux années
ou trois au plus, et que la récolte de la
dernière année peut être enfouie en vert
pour engraisser le sol.

Outre ces trois espèces d'herbes, on peut
obtenir des prairies artificielles, avec du blé
noir, des raves, betteraves, féverolles, poids,
vesses, panets, carottes et autres de cette espèce qui, semés après une première récolte
de blé ou d'orge, ensuite d'un léger labour,
peuvent tous être enfouis pour former engrais,
ou coupés pour former fourrages. Les ressources que produisent les prairies artificielles
sont immences, puisqu'elles servent tout à la
fois à engraisser les terres et à nourrir les bestiaux; il n'est pas un propriétaire qui ne doive
s'empresser d'en créer, certain d'être récom-
pensé de ses essais et de ses travaux. La
variété de leurs espèces, la qualité de leurs
produits, le mettront dans l'heureuse position
de ne jamais laisser ses terres en repos.

Les blés de printemps doivent être pris
en grande considération dans les divers as-

solemens à faire. Souvent en automne, les
semailles sont retardées et les froids précoces;
l'hiver et ses rigueurs arrivent et étendent
leur empire sur toutes nos contrées ; la végétation n'est point assez avancée pour garantir les blés qui sont atteints de la gelée.
Si les héritages ne sont point attaqués en
totalité, on peut semer, sur le blé d'hiver,
du blé de printemps, que l'on enterre au
moyen d'un léger sarclage; le mélange de ces
deux espèces de blé ancien et nouveau, n'empêche, ni leur poussée, ni leur produit mu-
tuel. Si la récolte est entièrement détruite,
il ne reste de parti que dans un labourage entier et une semence de graminée prin-
tannière. Les blés barbus, ceux de l'espèce
que le ministre de l'intérieur a envoyés dans
les provinces, ceux sans épis, d'un gros grain
jaune, sont également hâtifs, productifs,
d'une facile poussée, et remplacent avec succès ceux d'automne. Il seroit de la prudence
des cultivateurs de préparer une partie de
leurs terres arables à recevoir chaque année
ces semences de printemps qui, en calmant
leurs inquiétudes, satisferoient leurs intérêts.
Les orges, surtout la nue platte, telle qu'elle
est semée dans les départemens de Saône-et-
Loire et de l'Ain, concourroient avec les

blés à la substance de nos habitans. La promptitude de leur développement et l'abondance de leur récolte les font rechercher de nos voisins.

Des précautions doivent être prises pour la semence des céréales, notamment des blés; un des fléaux qui les attaquent le plus fortement, est la carie. C'est au moment de leur végétation qu'il s'en trouvent infectés radicalement. On l'a souvent attribué aux intempéries des saisons, à l'espèce d'engrais ou à la qualité du grain semé. Des observations longues et reconnues exactes ont prouvé que la dégénéressence des fromens provenoit d'une plante parasyte du genre des cryptoganes qui vit au dépens du grain, en altère la substance et le fait tourner en noir au moment où il pousse : on doit tout faire pour s'en garantir. Il est certain d'abord qu'il faut que le blé soit de bonne qualité et bien préparé pour être semé. Une des manières généralement usitées est de le chauler; mais elle n'est pas toujours bien employée. Les blés doivent être lavés avec soin : puis on fait dans un cuvier, un lait de chaux qui se forme dans les proportions de six livres de chaux vive sur trente livres d'eau par hectolitre, on y fait déposer le blé, on l'y agite plusieurs fois, on le fait ensuite épurer au dehors

et on le sème dans les vingt-quatre heures.
Cette préparation qui constitue seule le bon
chaulage n'est pas toujours suffisante et n'empêche pas constamment que les blés ne soient
charbonnés quoique avec moins de force.
Les préparations d'arcenil et d'alun que quelques propriétaires ont adoptées, sont perni-
cieuses. Celles faites avec la sulphate de cuivre
sont les meilleures et préservent intégralement
les blés du charbon ; les expériences faites
dans le midi de la France, à Genève, à Bourg
et à Macon, ne laissent rien à désirer sur cet
objet. Une livre de ce sel fondu dans quatre-
vingts litres d'eau, suffit pour trois cents kilo-
grammes de blé : on l'y dépose deux heures,
on le lave, et après l'en avoir extrait on le
sème ; le gonflement qui résulte de cette
opération, avance sa germination, est d'une
utilité reconnue, surtout pour les blés de
printemps.

Lorsque l'on n'a pas usé de ces procédés et
que les blés sont viciés, on peut remarquer la
carie dès qu'ils lèvent, plus souvent encore
au moment où les épis sont prêts à sortir de
leur foureau : les bales tachées de blanc, le
grain présentant une couleur brune, en sont
des signes non équivoques : le germe de ces
grains est anéanti, et, au lieu d'une pulpe

farineuse, on n'y rencontre qu'une poussière noire de mauvaise odeur. Quand ces caractères sont formés, que la carie est établie, les blés doivent être séparés et battus isolément de ceux qui sont sains, car la poussière que le batteur en fait sortir, s'attache à ces derniers et les corrompt; les criblures et les pailles des épis sont même susceptibles de porter la contagion. Les blés cariés, mouchetés, engraissent les meules des moulins et nuisent à la mouture des fromens qui les remplacent; les farines portent avec elles un principe d'âcreté qui se reproduit dans le pain et offre plus ou moins de dangers pour la santé, surtout par un usage qui seroit prolongé. Le régime alimentaire ne peut être établi sur des bases trop bonnes, ses vices engendrent les endémies et les épidémies qui dépeuplent la terre.

Le temps des récoltes des blés est aussi intéressant que celui de leurs semences. Elles n'ont lieu généralement que lors d'une maturité parfaite, ce qui présente de graves inconvéniens. La fin de juillet ou le commencement d'août, temps des moissons, présente souvent des orages ou des pluies chaudes qui retardent, soit la coupe des blés, soit leur enlèvement; la récolte ne peut alors s'en faire sans des pertes énormes que l'évidence a déjà rendues sensibles ; car, que le blé soit scié avec une faux ou à la faucille, la saccade qu'il en éprouve fait détacher beaucoup de grains des épis, son enlèvement fait avec force en couvre les champs, son transport dans les granges et son placement sur les fenils amènent encore une forte déperdition. Ces blés enlevés sans être parfaitement secs, frappés par l'atmosphère humide, ne peuvent résister à son influence et germent jusque dans les dépôts qui les contiennent. Ce tableau qui se renouvelle souvent, surtout dans la partie de la plaine de notre département, doit mettre en garde les cultivateurs, et leur faire abandonner leurs anciens préjugés. En recueillant leurs blés avant qu'ils ne soient trop mûrs, et même quelque temps avant leur maturité complète, ils obtiendroient une récolte plus certaine, des grains plus lourds, mieux arrondis, plus glissans et généralement préférés pour la vente et pour les semailles, des pailles plus substantielles et de meilleure qualité, et se procureroient ainsi un bénéfice certain.

La conservation des blés après leur récolte doit être recherchée : elle importe non-seulement pour assurer l'existence d'une année, mais pour parer aux besoins que les grêles, les sécheresses, les hivers rigoureux et la disette peuvent amener ; il est du devoir de l'homme sage de se créer des ressources pour un avenir incertain, la tendre sollicitude qu'inspire une famille chère se réunit à l'intérêt personnel pour dicter, à cet égard, des précautions. Les magistrats des villes doivent veiller à la sureté de leurs administrés par l'établissement de greniers d'abondance. Les récoltes, presque nulles dans nos montagnes, du moins très-médiocres, exigent des précautions de rigueur que la prudence impose. La forme usitée pour conserver les blés est de les placer dans des farinières en bois ou de les mettre en tas dans des greniers ; elle exige des emplacemens considérables lorsque la quantité est un peu forte, et, en outre, des déplacemens et une agitation renouvelée trois ou quatre fois dans l'année. L'exposition des blés à l'air n'est pas de même sans danger. L'atmosphère est, comme l'on sait, le grand récipiant de tous les météores, et peut exposer à la plus rapide destruction les substances végétales et en opérer la décomposition. Une température sèche, humide ou froide, influe sur les blés et y opère autant de variations que l'on peut en remarquer dans le baromètre ; ils peuvent, par suite d'une humidité ou d'une chaleur trop forte, être consumés si une

vigilance soutenue et une inspection pério-
dique, ne viennent à leur secours. Les extrêmes
se touchent en effet, et l'eau qui sert à étein-
dre l'incendie, en devient, lorsqu'elle est em-
prisonnée, la cause directe. C'est ainsi que
les grandes masses de charbons de terre
mouillés et les meules de foins humides,
sont réduits en cendres ; c'est ainsi que nous
avons vu brûler des maisons et des fermes qui
contenoient des secondes herbes mouillées,
déposées trop tôt et trop légérement sur les
fenils. La meilleure manière de conserver les
blés seroit de rétablir les silos ou fosses en
terre dont nos pères avoient reconnu la sureté
et l'utilité. L'Italie, l'Espagne, une grande
partie de l'Amérique et le midi de la France,
n'ont point d'autres modes pour conserver leurs
céréales. Les silos ne présentent presqu'aucune
dépense, sont à la portée de tous les cultivateurs et propriétaires, n'exigent presqu'aucune
surveillance et offrent des garanties positives ;
il n'y a donc pas à hésiter d'en adopter la méthode.

Un réglement pour la mouture des blés
est reclamé par tous les argriculteurs, l'arbi-
traire de la perception des meuniers et la
forme de leurs moulins, provoquent des
mesures pressantes. Une ordonnance du 9
janvier 1724 les obligeoit de tenir les tam-

bours des meules ronds, bien clos et non carrés. Elle leur enjoignoit de faire moudre les grains au fur et à mesure qu'ils leur seroient délivrés, avec défense de prendre argent , ni autre chose pour anticiper le dernier venu , et de changer le blé qui leur auroit été remis entre les mains pour faire moudre , à peine de vingt francs d'amende et de punition corporelle ; de rendre la farine bien moulue sans y mêler ni ajouter aucun autre son, et de chaque boisseau ras de grains , d'en rendre un boisseau convenable de farine.

Des ordonnances de février 1350, 19 septembre 1439 , 15 mars 1731, ont assujetti les meuniers à avoir des poids et balances, et deux autres des 1.er avril 1769 et 6 décembre 1775, règlent qu'ils ne pourront obtenir pour rétribution au-delà du 24.e de la mouture.

Deux autres de la province des 2 septembre 1562 et 13 juin 1567, veulent que les coupes des meuniers soient échantillonnées et leur soient acquittées par ceux qui viendront moudre les blés, lesquels ils seront tenus de bien moudre , sans y commettre fraude ou abus, ni prendre lesdites moutures par leurs mains, à peine de les amender arbitrairement.

Le défaut de lois précises fait que les meuniers perçoivent le vingtième au lieu du vingt-quatrième.

Il seroit à désirer que l'usage établi à Paris régnât dans toute la France : d'après le vœu de l'ordonnance du roi Jean, de 1550, la mouture s'y payoit en argent à raison de douze deniers par setier ; les meuniers y reçoivent les grains au poids et rendent les farines de même en leur faisant état de deux livres pesant par setier, pour déchet.

Après avoir présenté quelques données sur la manière de semer, de récolter et de conserver les blés, il convient d'examiner s'il est dans l'intérêt général d'en permettre la libre circulation dans l'intérieur et l'exportation au dehors. Cette question, une des plus ardues que l'économie politique puisse présenter, mérite d'être approfondie. Le propriétaire, se disant maître de sa chose, veut en disposer à son gré ; les négocians, ne voyant dans le blé qu'une marchandise ordinaire, veulent l'acheter et le vendre à volonté ; les ouvriers et prolétaires envisageant les grains comme des choses nécessaires à leurs besoins, demandent des réglemens qui pourvoient pour tous les temps à leur subsistance. Calmer les craintes de ceux-ci, satisfaire aux vœux de ceux-là ; concilier les divers droits de propriétés, de liberté et d'humanité, est une tâche aussi difficile en théorie qu'en pratique. Le pro-

priétaire et le négociant ne voient la prospérité de l'État que dans le haut prix des denrées
et le bénéfice qu'ils en tirent; la classe qui
vit de son travail attribue tous ses maux à
cette cherté. La hausse des grains doit donc
en amener une dans le prix des journées, et
de justes proportions doivent être établies à
cet égard, car, si l'ouvrier ne trouve point
dans ses peines de quoi alimenter sa famille et
ses enfans, il y a oppression d'une classe sur
l'autre, qui, découragée et réduite aux dernières extrémités, abandonne ses ateliers,
ses pénates, et va chercher, dans une autre
contrée, des ressources indispensables ; de là,
la ruine des manufactures et une dépopulation
désastreuse ; cette classe, qui ne tient à la
société que par le pain qui la nourrit, la pro-
tection qu'elle attend et la religion qui la
console, alarmée sur son existence, s'irrite
souvent et se porte à des excès qui peuvent
avoir des suites sérieuses. La liberté de disposer de son bien ne peut être licencieuse
et abusive : un propriétaire ne pourroit donc
détruire ses récoltes et en priver ses conci-
toyens; il ne pourroit de même, par un
caprice singulier, les vendre à des étrangers
par préférence aux naturels qui en auroient
besoin ; de même le négociant ne pourroit

G

R. F.

faire le monopole des grains et en priver le
public à qui il seroit nécessaire. Les lois pro-
tectrices des grands intérêts généraux repous-
sent également des principes et des actions
de cette espèce qui leur sont contraires ; on
a peu à redouter ces travers chez une nation
policée où de sages réglemens doivent assurer
la garantie des droits de tous. La circulation
des grains en France en seroit une conséquence : tout entrave au commerce intérieur
diviseroit les provinces , les familles , les
isoleroit , diminueroit les relations, détruiroit
le caractère national , altéreroit les rapports
qui doivent régner entre tous les Français ;
combien de maux naîtroient d'une prohibition
dans ce genre! les proscriptions, les émeutes
populaires , les [dévastations , les pillages.
Que le souvenir des scènes désolantes que
de telles prohibitions nous ont amenées ,
soit un titre pour ne jamais les renouveler !... Mais autant la libre circulation des
grains dans l'intérieur est propice, autant leur
exportation seroit préjudiciable ; elle seroit en
effet nuisible , soit en privant une partie de
la France d'une substance journalière , soit en
faisant sortir du royaume un modique superflu
qui , en laissant les prix à un taux modéré ,
empêcheroit le propriétaire de dicter une loi

impérieuse à l'ouvrier, et maintiendroit l'é-
quilibre entre la récompense due à son travail
et la valeur de ses alimens. Elle peut offrir
des facilités pour vendre, mais non pas pour
acheter; car, pour qu'il y eut égalité, il faudroit qu'il y eut réciprocité de la part des
nations voisines ; or, leur législation est
prohibitive, il n'y auroit donc plus de balance.
Chaque récolte, en Italie, amène de nouvelles
dispositions, et la sortie des grains n'est tolérée
que sur des permis donnés avec précaution ;
la Suisse, l'Allemagne et ses Cercles ne l'autorisent presque jamais. En nous livrant à une
exportation irréfléchie, nous courrions les
chances de faire augmenter le prix des blés,
de nous enlever notre nécessaire et d'être
contraints de recourir aux puissances étrangères pour obtenir des secours tardifs et dis-
pendieux. Quelques écrivains du temps, et les
représentations de quelques parlemens déter-
minèrent l'ordonnance de 1764, sur la libre
sortie des blés ; elle fit un mal irréparable à
notre patrie. Les blés, ayant augmenté dans
certaines provinces de 100 pour 100, y portèrent le trouble, l'agitation et le désordre ;
dans d'autres, les marchés n'ayant point été
approvisionnés dans les mois de mai et de
juin, y causèrent des émeutes que des sacri-

fices et la force calmèrent, et qui, s'étant
renouvelés jusqu'en 1768, firent souvent re-
pentir le Gouvernement de l'imprévoyance
d'une fausse mesure.

L'Angleterre est la seule nation qui, non-
seulement autorise l'exportation des blés,
mais accorde souvent encore des primes pour
cet objet. Ce fut le roi Guillaume qui l'ordonna ainsi à son avénement. Nul motif
d'intérêt public ne fut la règle de sa conduite,
sûr du parti des Wihts, il vouloit se rendre
favorable celui des Thoris, composé des Seigneurs de terre. La force politique de cet état,
des traités de commerce avec tous les peuples
qui lui acordent affranchissement et privilége,
la faveur dont il jouit dans tous les ports, la
facilité des transports, résultat d'une nombreuse marine, et de pouvoir réparer en un
instant des pertes ou des besoins, l'empire
absolu des mers, ont diminué l'influence d'une
disposition qui n'a pas laissé que de rendre
toutes les manufactures de l'Europe rivales de
celles qu'il possède. La foiblesse de sa population comparée à l'abondance de ses produits
agricoles a pu en atténuer les suites.

Une mesure de ce genre doit être établie
exclusivement sur la prospérité publique; un
état dont les ressources territoriales et indus-

trielles ne sont pas développées, ni en rapport
avec les besoins de ses habitans , doit échanger
ses blés contre les produits qui lui manquent.
L'exportation en convient aux contrées disgra-
ciées par la nature ou dont l'administration
n'est pas bien assise. Ainsi la Pologne , divisée
et dominée , vend ses grains aux industrieux
Hollandais ; l'Afrique , ignorante et barbare ,
cède les siens aux habitans de la Grèce , de
l'Italie , de la Ligurie et de la Provence , et
l'Amérique , dans ses parties naissantes et non
organisées , les vend à l'Europe perfectionnée.
La France , ayant une population de trente
millions d'âmes dont l'industrie est portée au
plus haut degré de splendeur , paroît devoir
conserver les siens. La partie ouvrière procure à celle des propriétaires , en échange de
ses graines , tout ce que le goût , le luxe et
les caprices de la vanité et du besoin peuvent
imaginer,et l'industrie variée procure également
l'échange de ses productions avec tout ce que l'é-
tranger peut fournir.Cette industrie multipliée
est le plus bel encouragement que l'agriculture
puisse recevoir ; car , plus les blés seront abondans, plus il y aura d'ouvriers à nourrir, et plus
les arts s'augmenteront. La prohibition de la
sortie des blés et de l'introduction des produits
des manufactures étrangères , rendit la France

florissante sous Louis XIV et le ministère de Colbert, et fut couronnée par les succès en tous genres. Elle paroît donc devoir exister comme loi fondamentale. Une abondance démontrée par tous les rapports des diverses administrations et une vilité soutenue dans les prix, peut seule y apporter quelques modifications temporaires ; alors seulement, et pour un temps déterminé, jusqu'à ce que les grains soient rendus à une valeur proportionnée, on peut tolérer, dans certains ports et bureaux de douane, la sortie d'un superflu en blé et farine prouvé inutile. La sollicitude du Gouvernement et les sacrifices auxquels il s'est livré dans la dernière disette que nous avons éprouvée, nous sont un sûr garant du maintien des principes d'ordre public sur la matière des grains et de tous réglemens que nécessiteroient des circonstances impérieuses, et dont le Jura appréciera les bienfaisans effets d'une manière particulière.

Nos assolemens, outre les prairies artificielles et les diverses céréales de printemps, peuvent encore comprendre d'autres semences et plantes très-utiles ; l'industrie est la fille du besoin. Les plantes qui pourroient être introduites dans les bons fonds de la plaine et dont partie sont déjà en valeur, sont les

textiles et tinctoriales ; leurs hauts prix les
rendent importantes. Nous achetons fort cher
des garances qui sont encore augmentées par
le transport, et nous pourrions en obtenir
dans nos champs ; une préparation bien ménagée, dés engrais disséminés à temps, une
irrigation faite avec intelligence, nous assu-
reroient des récoltes en ce genre ; l'existence
de beaucoup de teintureries, la nécessité d'y
employer pour les couleurs principales et pri-
vilégiées cette riche plante, en rendroit le
débit certain. Elle réussit très-bien dans
plusieurs cantons de Saône-et-Loire et du
département de l'Ain, et auroit le même succès
dans le Jura, en quadrupleront ses revenus.

  Les mauvais sols, tels que les landes qui
entourent les étangs et marais, et ceux qui
sont dans nos montagnes, peuvent comporter
des plantes propres à faire de la potasse, dont
l'acquisition nous rend tributaires de l'étranger.
Ces plantes consistent principalement dans
celles qui sont amères et aromatiques, telles
que la gencianne, l'angelique, l'armoise,
l'hortie, la tannésie, le genet, la verge d'or
et autres de cette espèce, qui toutes sont accli-
matées dans le département, y multiplient
promptement, et donnent, pendant nombre
d'années, plusieurs récoltes successives sans

qu'il soit besoin d'en renouveler les semences. Une légère préparation des terrains et quelques sarclages suffisent pour leur développement que retarde peu l'intempérie des saisons. Coupées au moment de leurs fleurs, réduites en cendres que l'on lessive, elles donnent de la belle potasse. Cette branche de spéculation faite un peu en grand occuperoit beaucoup d'ouvriers, et produiroit au propriétaire une augmentation sensible de fortune, avec d'autant plus de raison que la potasse est nécessaire à différens artistes et à la fabrication de la poudre, et qu'une consommation considérable en a lieu en France.

Les pommes de terre, quoique cultivées dans notre département, ne le sont point encore d'une manière satisfaisante. Nous devons employer tous les moyens possibles pour nous en procurer de belles espèces, les conserver plusieurs années et les ménager ainsi pour des temps de disette. Leur découverte est le bienfait le plus signalé qu'ait fait le nouveau monde à l'ancien ; on doit donc tout faire pour en propager les conséquences. On ne sait point encore au Jura la manière d'en obtenir de belles variétés par le semi. L'abondance avec laquelle elles multiplient, l'habitude de les recevoir de plantation, l'idée que la méthode des semis est aussi longue que

(105)

difficile et peu profitable, ne l'a point fait pratiquer jusqu'à présent ; cependant elle est bonne , digne de remarque, produit des sujets plus propres à la régénération et supplée, en cas d'événement et de consommation totale , au besoin des tubercules. Pour l'opérer avec avantage , on doit en choisir les semences dans les espèces les plus vigoureuses, parmi les jaunes réputées les meilleures ; leur odeur suave, leur couleur grisâtre les distingue.

Aussitôt qu'elles sont recueillies, elles doivent être écrasées, lavées avec soin pour en détruire la viscosité, et passées au tamis, puis séchées au soleil ou à un feu doux, et conservées jusqu'au moment de la semaille dans un lieu sec; cette graine, dont la préparation est si facile, a des propriétés génératrices pendant deux ans. L'auteur de ce mémoire s'est procuré en 1819, avec cette espèce, de très-belles pommes de terre. Il la sema sur couche au vingt mars en l'enterrant de deux pouces de profondeur, et repiqua les rejetons, à la fin de mai et les distribua dans deux carreaux de jardin en les espaçant à deux pieds. Leur poussée fut subite, forte et d'une progression sensible. Buttées et sarclées deux fois sans beaucoup de soins, leur récolte s'opéra fin d'octobre; la beauté des tubercules fut surprenante, et égala presque en grosseur celle des tubercules ordinaires. En 1820, ils furent employés dans un journal de terrains, produisirent abondamment et présentèrent une qualité supérieure. Cette épreuve de semi peut se reproduire sur tous les terrains légers et bien ameublis, le succès dépendra de la bonne semence, de sa préparation, de celle du sol, et d'une culture bien ménagée. Cette qualité, pour les semis, n'est pas moins nécessaire pour les plantations auxquelles les plus beaux tubercules devroient être exclusivement employés.

Les pommes de terres sont de leur nature périssables avant le temps de leur reproduction. Les germes qui s'y développent et croissent aux dépens de leurs fécules, les épuissent et les font bientôt arriver à un état de fluidité qui les détruit. Pour les conserver et en tirer bon parti, il ne suffit pas de les transporter hors des caves, et d'atténuer ainsi la poussée des germes; il est nécessaire de les faire dessécher et réduire en farine après les avoir lavées à plusieurs eaux chaudes; on les coupe par tranches que l'on fait sécher au four graduellement, puis on les fait moudre, et on en obtient de la belle farine. Dégagées de tous principes visqueux, de toute âcreté,

de toute odeur virulante par l'effet de la dessication, les pommes de terres deviennent
salutaires, et leurs farines forment une substance nutritive d'un goût aussi délicat qu'a-
gréable. Leurs farines peuvent entrer pour un
cinquième et même un quart dans le mélange
de celles de froment dont elles bonifient la
qualité. Ce mélange offre une ressource précieuse aux habitans des villes et des campagnes, et peut surtout convenir aux grandes
administrations des hospices et des prisons,
car la panification qui est le résultat de ces
farines mélangées, ne peut être qu'excellente;
le pain s'en conserve long-temps frais, est
souvent préféré pour l'usage.

Ce mode de conservation des pommes de
terre, et de leur réduction en farine, qui
mérite tant de considération, n'est point
employé dans notre département; quelques
personnes les réduisent en fécules en les râ-
pant, les lavant à plusieurs eaux, les faisant
passer au tamis et sécher ensuite. Cette fé-
cule, qui n'a pas la propriété de se garder
très-long-temps, n'en forme pas moins de
très-bons potages. Les gens de la campagne
ont l'habitude de mélanger avec leurs farines
pour en augmenter le volume, des pommes
de terre rapées. Cette méthode économique

à la vérité , parce qu'elle donne au pain une
forte consistance , peut présenter quelques
dangers, et engendrer à la longue des maladies, les pommes de terre portant dans le pain
leur acreté et leur visquosité : rien ne seroit
donc plus avantageux au Jura que la réduction en farine des pommes de terre, la facilité de leur culture, la sureté de leurs produits
que le froid, le chaud et les intempéries n'al-
tèrent que difficilement, devient déterminant
pour tous les cultivateurs et propriétaires ,
et doit les engager d'adopter les procédés
indiqués.

Il n'est point d'assolement où les pommes
de terre ne doivent figurer; car elles réussissent aussi bien dans la montagne que dans
la plaine.

L'état florissant de nos campagnes doit être
le signe de leur prospérité ; pour bien culti-
tiver il faut le choix de bons instrumens aratoires. On connoît l'empire de l'habitude sur
les hommes et la difficulté de leur faire changer celle qu'ils tiennent de leurs auteurs. Cependant l'expérience et les bonnes pratiques
doivent détruire les préjugés: chaque contrée
a presque ses instrumens particuliers pour
labourer les terres; les différences en sont
souvent commandées par la nature des lieux,

mais la comparaison de ces différences en faisant jaillir la lumière doit faire préférer les meilleurs, car nous devons tendre à l'épargne du temps, à labourer nos terres à moins de frais possibles, et à nous procurer les plus abondantes récoltes. Déjà quelques propriétaires ont proclamé les effets bienfaisans des instrumens aratoires de M. de SELLIMBERK, qu'ils employent si utilement, mais leur exemple n'étant point suivi, on croit devoir indiquer la forme et le mérite des quatre principaux qui pourroient être employés favorablement dans une grande partie du Jura.

Le premier est l'extirpateur qui porte sept pieds sur deux rangs, trois en devant, quatre en arrière, placés de manière que ceux de derrière sillonnent les intervalles laissés libres par ceux du devant. Il prend une largeur d'environ quatre pieds, pénètre de deux ou trois pouces de profondeur et exige pour être mu, une force semblable à celle d'une bonne charrue. Il sert à cultiver les terres avant ou après les récoltes. Passé sur les champs labourés, il divise les sillions, coupe et arrache les mauvaises herbes, ouvre les ports de la terre, en applanit la surface et l'ameublit : passé après les récoltes il déracine le chaume, remplace plusieurs coups de charrue et suffit pour déterminer la semence d'une seconde récolte.

Le second est la houe à cheval destinée à remplacer le travail des bras pour cultiver toutes les terres qui exigent, pour leur rapport, de fréquens sarclages, telles que celles qui contiennent le maïs, les pommes de terre et le colzat: pour s'en servir, il faut alligner les plantes parallèlement, et mettre entr'elles un espace d'au moins quinze pouces; cet espace est nécessaire, car on sait que dans toutes les espèces de végétaux, les plantes se nuisent et s'affoiblissent lorsqu'elles ne sont point assez éloignées l'une de l'autre, une partie succombant alors pour faire place à l'autre qui ne peut se soutenir qu'au moyen de cette réduction. Un enfant placé dans la ligne voisine de celle que parcourt la houe, suit les pas du cheval, et l'on obtient avec cet instrument, sarclage et buttage. Pour sarcler, on adopte à la monture armée de sa houe, une tige de fer terminé inférieurement par un tranchant en forme de ratissoir, lequel coupe entre deux terres, et déracine toutes les plantes parasytes crues dans les intervalles des lignes que l'on cultive; derrière ce ratissoir s'adapte une autre tige en fer terminée par une petite herse dont la dent divise la terre coupée par le ratissoir et en détache les mauvaises herbes qui, restant à la surface, s'y détachent et forment engrais. Pour butter, à la place du ratissoir, on adapte un soc à deux versans qui soulèvent les terres des intervalles des lignes et les distribue de chaque côté sur les plantes ; derrière ce soc et à la place de la petite herse, on adapte une tige de fer terminée par deux socs parallèles qui soulèvent les terres échappées au soc du devant et qui, en perfectionnant les travaux, favorisent prodigieusement l'avancement des plantes oléagineuses, des tubercules et du maïs.

Le troisième instrument est le sillonneur, composé de cinq ou de sept socs, à volonté, disposé sur un seul rang ; un cheval attaché à la limonnière suffit pour le conduire ; il produit tous les effets de l'extirpateur, peut être employé nu ou armé de pèles, avant les semailles ou après les récoltes, il ameublit, sillonne ou tranche les terres d'un à cinq pouces de profondeur sur une largeur réglée par le nombre de ses socs, il fixe la profondeur et la régularité de l'ensemencement à la volée qui lui succède, il trace des sillons parallèles pour déterminer l'intervalle et l'alignement des plantes allignées et espacées que l'on veut cultiver.

Pour remplir cet objet, on enlève à cet instrument un soc entre deux, afin qu'il ne trace que les sillons dans lesquels on doit répandre la semence, ou le conducteur laisse un sillon vide entre chacun de ceux dans lesquels elle est distribuée. Cet instrument est nécessaire pour se servir avec avantage de la houe à cheval.

Le quatrième est le semoir; quoique le plus compliqué dans son ensemble, il présente beaucoup de simplicité et de solidité, et peut semer toutes sortes de grains à la profondeur que l'on veut en ligne ou à la volée. Un cadran adapté à cet instrument sert à montrer l'espace parcouru et la quantité de semence répandue. Son usage exige un terrain léger et bien ameubli par les cultures; il convient principalement aux cantons de la plaine de notre département.

L'introduction de ces quatre instrumens solides dans leur construction, dont le prix n'est point hors de la portée et de la fortune de plusieurs propriétaires et cultivateurs, faciles dans leur emploi, expéditifs dans les travaux, seroit pour nous d'un avantage inappréciable.

Le perfectionnement de nos charrues ne seroit pas d'un moindre intérêt, il nous con-

duiroit à labourer promptement, économique-
ment et à nous procurer des récoltes abondantes. Toutes les nations se sont occupées
du perfectionnement de cet instrument, les
sociétés économiques du Nord ont présenté
plusieurs ouvrages importans et plusieurs
modèles. En Angleterre, Arthur Yong et lord
Sémonville, et en France, Duhamel de Sutière,
le marquis de Turbilli et M. Guillaume, ont
successivement offert des modèles les plus
complets, mais qui ne réunissent point encore
le degré de perfection auquel nous désirons
atteindre. On ne peut se dissimuler la nécessité
de modifier les charrues selon les sols et les
expositions; on conçoit en effet que les terres
argilleuses, lourdes et fortes exigent un développement de travail beaucoup plus grand que
les terrains légers et sablonneux ; que les socs
doivent avoir une consistance proportionnée
à la profondeur des terres végétales, que les
versoirs doivent être également en rapport
avec la qualité des terres et la largeur des sillons
à tracer. Pour faciliter le mouvement des
charrues, il faut raccourcir les distances entre
l'avant-train et le train de derrière, et diminuer l'action des frottemens, en raccourcissant
les versoirs et les socs, labourer dans les
bonnes terres aussi profondément que possible,

H

afin d'en laisser une forte quantité exposée à l'action du soleil et à la végétation, et ne pas craindre, dans les sols moins profonds, d'enfoncer la charrue au-delà de quatre ou cinq pouces, parce que souvent on rencontre des lits de marne sous des lits d'argille qu'une culture forte fait découvrir, et qui servent à engraisser les terres et à les rendre productives. Le temps et diverses expériences comparatives nous amèneront à des améliorations sensibles sur la confection et l'usage de nos charrues.

Une des propriétés principales de notre département consiste dans les vignes ; les plantations s'en sont multipliées d'une manière extraordinaire, les côteaux paroissoient destinés à ce genre de culture, et nos ancêtres, appréciant la qualité des vins, avoient borné le vignoble à leurs seules expositions. Le bien de l'agriculture avoit fait prohiber par le Parlement les plantations dans les plaines et les terrains destinés à recevoir des céréales, et des extrations réitérées furent ordonnées et exécutées. Lorsque l'autorité parlementaire fut anéantie, et que les principes d'une liberté indéfinie furent à l'ordre du jour, on a détruit non-seulement les champs, mais jusqu'aux prairies et jardins, pour les changer en vignes, et plus d'un quart de terres de cette nature ont subi cette étonnante métamorphose. Les ceppages les plus grossiers, les plus réprouvés ont eu la préférence, en sorte que le Jura, dans les années abondantes, recueillera une masse considérable de mauvais vins dont le débit ne pourra s'opérer facilement, et qui péricliteront dans les caves.

Cet état est nuisible à la chose publique. Nos mauvais vins ne pouvant supporter la concurrence de ceux de la Bourgogne et du Midi que les canaux nous amèneront, et étant discrédités, au lieu d'augmenter notre fortune, altéreront la prospérité à laquelle nous devons tendre. En effet, nos héritages qui nous auroient procuré des récoltes certaines en blé, maïs, plantes oléagineuses, en foin, en prairies artificielles si bonifiantes et si propices aux cultures, ne nous donneront que des vins viciés par leur essence. C'est ainsi que le propriétaire se trouve ruiné, et le vigneron dans un état de misère qui se perpétue, et que, ne trouvant jamais dans son travail, soit qu'il lui produise une abondance funeste ou une récolte stérile, la récompense attendue, ni une ressource proportionnée à ses besoins toujours renaissans, il forme une classe de pauvres qu'il faut alimenter toute

l'année. Il importe donc de remettre en vigueur
les anciens réglemens et de réprimer l'espèce
de vertige qui a déterminé des plantations
sans discernement, sans calculs raisonnés et
nuisibles à l'intérêt général.

Les bons vins doivent être l'objet de toutes
les spéculations, parce qu'ils forment une
véritable branche de richesse, que les impôts
et les droits qui sont perçus sur iceux, ainsi
que leurs frais de transport, ne sont pas plus
forts que pour les mauvais. Un choix de climat, de sol et de ceppages doit donc être
fait pour le vignoble. Quatre espèces de plans
reconnus propres à nos contrées doivent
être plantés, provignés et cultivés avec
soin, savoir : ceux vulgairement appelés les
poulsars, les gâmés, les noirins et les sava-
gnains qui peuvent exclusivement donner de
bonnes qualités de vin. Les travaux de l'hiver
sont, pour les vignes, les plus précieux ; le
curage des fossés, l'enlèvement des terrains
que les eaux ont précipités dans le bas des
héritages, l'ouverture nombreuse de fosses et
de canaux, en un mot, un grand mouvement
de terre et leur exposition renouvelée à l'action
atmosphérique, sont les procédés les plus
utiles et les meilleurs : ne jamais se presser
pour la taille qui, opérée dans les temps où
la rigueur de la saison n'est point terminée,

provoque la gelée ; les bois pliés , liés et coupés étant plus susceptibles d'en être frappés que lorsqu'ils sont libres et inclinés. Cette taille ne doit être faite que par des vignerons expérimentés , connoissant les diverses formes à adapter aux divers ceppages , et ne laissant à fruit qu'un certain nombre déterminé de bois , principes qui ne sont pas généralement suivis et que nous nous plaisons à retracer.

Si la pluie et des temps orageux accompagnent la floraison , on peut, pour empêcher que les vignes ne coulent, recourir à l'incision annulaire. On choisit , à cet effet , vers la base d'un bois de l'année précédente ou de la poussée annuelle , une place nette et sans yeux , l'on fait à l'écorce une incision circulaire qui doit aller jusqu'au bas ; on en fait une seconde , une ligne au-dessus ou au-dessous , puis on enlève l'anneau d'écorce compris entre ces deux incisions, de manière que le bois reste nu. Cette opération est délicate et exige de grandes précautions , car si l'enlèvement est au-delà d'une ligne, si le bois se trouve offensé, un bourrelet se forme à l'endroit incisé et mutilé, la partie supérieure est bien nourrie par la saive descendante, mais la saive montante étant interrompue et diminuant sensiblement , finit par s'atténuer, et la tige périclite.

En prolongeant les travaux d'hiver et le temps de la taille, on arrivera à la belle saison pour donner aux vignes les trois coups qui leur sont nécessaires et qui doivent se succéder rapidement, moyen certain d'en recevoir une juste récompense.

La récolte doit, autant que possible , se faire par un temps serein , ce qui augmente la qualité du vin.

Lorsque les ceppages sont de bonnes espèces, il y a avantage d'égrapper ; dans le cas contraire , la grappe soutenant les mauvaises paroît devoir être conservée. Les bonnes années sont celles où la vendange a lieu de bonne heure , la maturité étant avancée ; les mauvaises, celles où elle est retardée et faite par les pluies.

La qualité des raisins et des vendanges influe sur la fermentation ; pour l'acquérir, il faut déposer ses récoltes dans des cuves et tonneaux, mais avoir l'attention que l'on a pas, de les remplir promptement, afin de ne pas mélanger du mou frais avec celui qui a déjà fermenté et qui peut, par ce mélange, acquérir de l'acidité , même de l'aigreur.

La plupart des chimistes et des agriculteurs vignicoles se sont occupés de la fermentation. Rosière, Lavoisier, Chaptal , Fourcrois, Guilussac, Parmentier, devenus tous recommandables par des talens distingués, ont présenté des systèmes, les uns abandonnés, les autres contredits, d'autres enfin qui n'offrent, sur la matière, aucune solution parfaite, et laissent encore bien obscure la science de l'œnologie. Un grand obstacle vient de ce que les expériences ne peuvent se faire qu'au moment des vendanges, tandis que les chimistes qui travaillent sur des substances définies, et toujours à leur volonté, peuvent combiner, modifier les épreuves, les proportions, en comparer et analyser les effets. La fermentation spiritueuse des fruits et les épreuves multipliées faites à cet égard ne sont point à assimiler à l'opération de la vinification. Un principe reconnu est que l'oxigène ayant donné essor à la fermentation, ne lui est plus nécessaire; dès-lors, les cuves ou tonneaux peuvent être recouverts, en attendant qu'elle soit terminée. Pour l'opérer, une chaleur de douze degrés au moins au thermomètre de Réaumur est indispensable, et lorsque la température est trop froide, il faut, par des ébulitions, la porter à ce point : lorsqu'elle est trop forte et s'élève au-delà de vingt à vingt-quatre degrés, il faut, par des procédés contraires, la ralentir : elle est plus agitée et plus tumultueuse dans les cuves que dans les tonneaux. La qualité des ceppages et des vendanges l'avance ou la retarde et lui imprime un caractère particulier. Une erreur répandue parmi nos cultivateurs est que la vendange mauvaise, et qui a acquis peu de maturité, fermente plutôt que la bonne. Le contraire existe, et l'auteur de ce mémoire l'a souvent éprouvé : remarque importante pour accélérer ou retarder le décuvage.

La fermentation s'opère par la décomposition de la partie sucrée contenue dans le raisin, et se termine par la séparation du liquide d'avec les parties solides qui forment chapeau, et qui, lorsqu'elles ne sont pas couvertes, peuvent s'aigrir ou se putrifier. Le gaze acide carbonique que l'on retient dans les vins mousseux, et qui s'échappe avec rapidité des vases qui le contiennent en s'élevant rapidement du bas en haut, s'évapore en totalité des cuves ou tonneaux. Le chapeau s'affaissant naturellement et sans que l'air froid en soit la cause, devient une indication exacte de la fin de la fermentation, et peut déjà déterminer à décuver. Cet événement n'a lieu dans les années ordinaires qu'après quinze ou vingt jours, et dans les bonnes récoltes qu'après un mois.

Des remarques certaines que la pratique
plus encore que la théorie doivent faire con-
sacrer, sont: le changement de mou fade et
sucré, en une vapeur vineuse et un goût de
vin; de son odeur végétale, en une odeur
forte et spiritueuse; de son opacité, en une
couleur transparente; en sorte que le goût,
l'odorat et la vue sont les sens qui nous permettent de reconnoître la vinification. La
coloration est surtout à distinguer, parce que
les élémens colorés ne se détachent de la
pellicule des raisins que lorsque les parties
spiritueuses et alcooliques sont formées. Le
moment du décuvage pour l'observateur,
pour l'agronome attentif, est donc déterminé
par les diverses circonstances que nous ve-
nons d'indiquer et qui doivent être recherchées et saisies à propos. En décuvant trop
tôt, on s'expose a avoir un vin décoloré et
de peu de durée, en décuvant trop tard
on s'expose a perdre sa récolte par l'affais-
sement total du chapeau et le mélange des
parties supérieures des gênes assétifiées avec
le liquide, du moins à n'obtenir qu'un vin
âpre, acerbe, rempli de tartes, exigeant
de fortes soustractions; il y aura toujours
moins d'inconvéniens à décuver promptement que tardivement, la fermentation pou-

vant se compléter dans les tonneaux où l'on place les vins sortis des cuves et qui ne présentent leur vraie qualité qu'au bout d'un an. Puissent ces observations tendre au bien de l'œnologie si désiré et si nécessaire dans notre département !

Ce n'est pas assez d'améliorer nos récoltes en céréales, en prés, en foins et en vins, nous devons encore augmenter nos communications et rendre meilleures celles que nous possédons. Elles sont nécessaires à l'agriculture et à l'industrie qui les *réellement* émane. C'est par elles que leurs productions ont un écoulement, peuvent se transporter et être utilisées, elles satisfont également le besoin et l'ambition en conciliant les divers intérêts. Elles donnent une action et un mouvement à toutes les branches de l'économie rurale, multiplient les ressources par d'heureuses échanges et portent partout une espèce de vie et d'aisance. Leurs bienfaits ne se bornent pas à une seule localité, elles vivifient la culture dans les endroits les plus reculés, en augmentent les revenus, favorisent les villes en faisant cesser le monopole dont jouissent les campagnes voisines, et en établissant des concurrences sur les marchés publics, amènent de nouveaux débouchés, appellent l'émulation et propagent l'instruction : sans elles le superflu des récoltes ne pourroit être vendu, les spéculations seroient arrêtées, les arts languiroient, les travaux seroient suspendus, la richesse un embarras et la pauvreté un malheur irréparable. Les routes, les chemins vicinaux et les canaux sont les communications les plus promptes et les plus sûres. La conservation et l'entretien des routes que nous possédons et l'ouverture de quelques unes doivent fixer nos regards et appeler notre attention.

L'établissement des routes appartient à toutes nations policées. Les voies appiennes, auréliennes, flaminiennes, domitiennes et les quatre grands chemins que Jules César traça dans les Gaules; attestent le génie du premier peuple du monde. En France Charlemagne, Philippe Auguste, Henri IV et ses successeurs ont travaillé à la confection des routes; enfin les lois des 31 décembre 1790 et 6 août suivant ont créé une administration générale chargée de veiller à leur conservation dans notre département, un ingénieur en chef et divers ingénieurs particuliers s'occupent d'utiliser les fonds généraux et départementaux destinés à l'entretien des nôtres. Nous possédons une route de première classe, trois de seconde et vingt-

six de troisième; leur étendue et leur proportion sollicitent pour leur réparation des ressources dont nous ne jouissons pas. Le Jura
payant près de neuf millions d'impositions à
l'état, ayant une population de plus de trois
cents mille âmes, fournissant chaque année
plus de 400 hommes pour le recrutement de
l'armée, a des droits évidens à une répartition des fonds publics plus forte que celle
qui lui est départie chaque année. Déjà des
représentations ont été faites au gouvernement
par le conseil général et les divers préfets
dont nous avons été favorisés ; de nouvelles
instances sont nécessaires pour obtenir une
justice qui nous est due et une augmentation
proportionnelle de fonds généraux.

L'entretien des routes départementales
exige aussi des allocations plus fortes dans
le budget du département. Les routes négli-
gées, finissent par se dégrader, rendre les
communications difficiles, augmenter le prix des
transports et diminuer les revenus ; toute
économie en ce genre ne peut donc qu'être
perfide et funeste.

L'emploi des centimes additionnels affectés
aux routes exige une surveillance active ; on
ne peut apporter trop de soins à ne conférer
l'adjudication des travaux qu'à des hommes

dont la moralité, l'intelligence et la solvabilité
soient certaines, à l'examen de l'espèce et de
la qualité des matériaux laissés à leur charge,
à l'exécution stricte de leur engagement. Une
mesure qui tend à cette fin a déjà été approu-
vée par le Conseil général, et consiste dans
l'établissement des cantonniers qui ont ap-
porté, par leur bonne direction, des bonifications sensibles à nos routes.

Quelques rectifications importantes dans l'intérêt de l'industrie et du commerce, sont à désirer. Une principale seroit celle à opérer sur
la route de Strasbourg à Lyon, dans la tra-
verse de Pupillin à Arbois; son tracé par Buvilly
et Grozon avoit été fait; la plupart des
propriétaires d'héritages sur lesquels elle de-
voit avoir lieu avoient fait des concessions
et des sacrifices qu'ils seroient prêts à renou-
veller; l'arrondissement de Lons-le-Saunier
et la grande partie de celui de Poligny, s'em-
presseroient de concourir de tous leurs moyens
au succès de cette entreprise. Le débit des
produits de leurs territoires ne seroit plus
entravé, leurs vins surtout pourroient s'écou-
ler en Lorraine et en Alsace. Le rapproche-
ment des distances, les communications ouvertes sur le plus grand nombre des villes du
département seroit des motifs puissans pour

en déterminer l'exécution. Le commerce de Lyon à Strasbourg y trouveroit de grandes facilités. Le roulage qui ne peut se faire en ce moment que par Sellières, dont la route en hiver est souvent impraticable pour les grands attelages, et qui d'ailleurs est plus longue, se feroit en tous temps et plus promptement sur la nouvelle direction proposée.

La confection de trois kilomètres d'étendue de route sur celle de Bletterans à Bellevêvre par Chappele-Voland, est réclamée depuis long-temps par les trois départemens de Saône-et-Loire, Jura et Côte-d'Or. Toutes les communes ont, par le fait, de leurs conseil smunicipaux, délibéré les concessions de terrain et les transports des matériaux nécessaires pour cet objet, et revendiquent toujours un regard bienfaisant et paternel des autorités locales. Le commerce de Bletterans, dont la position est des plus avantageuses, et qui s'augmente chaque jour, a besoin d'être encore encouragé et facilité. Ses marchés et ses foires nombreuses et bien peuplées fournissent en quelque sorte ceux de Lons-le-Saunier et de Sellières qui alimentent à leur tour ceux de Champagnole, Morez et St.-Claude. De quelle ressource ne seroit pas pour le Jura une

communication aussi importante relativement
à ses produits agricoles et industriels et aux
échanges multipliés qui pourroient s'en faire
avec nos voisins contre leurs bestiaux, leurs
bois, leurs huiles et leurs céréales ! Combien
les trois départemens ne seroient-ils pas plus
florissans par suite de ces négociations qui,
en rapprochant les distances, facilitant les
arrivages, multipliant les correspondances, ci-
menteroient de plus en plus les relations in-
times des deux Bourgognes ! Quelques ouvrages d'art sont indispensables pour assurer
l'exécution du projet de la route de Bletterans;
mais de grands propriétaires se sont chargés
de les opérer à leurs frais et seroient au besoin
aidés par les plus riches cultivateurs des
communes de Bellevêvre et de Pierre. Lorsque
l'on compare la médiocrité du prix des travaux
à opérer, avec les avantages qui en naîtroient,
on est étonné qu'ils ne soient point terminés.
Parmi ces avantages, on peut compter sur le rap-
prochement des ports de Verdun et de Seurre, et
sur celui des distances à parcourir pour arriver
à Dijon. On ne peut faire de vœux trop ardens
pour déterminer le Conseil général et le Préfet à faire régulariser et renouveler au besoin
les soumissions faites, à ordonner la direction
des ouvrages qui sont si généralement désirés,

et que l'intérêt public revendique si pressam-
ment.

L'arrondissement de Saint-Claude mérite,
par son industrie autant que par sa position,
de fixer les regards de l'autorité. Ses manufactures de coton, de fil de fer, d'horlogerie,
de quincaillerie et de futaillerie en tous genres,
ne peuvent être trop encouragées ; il importe
donc de faciliter les débouchés des débits de
leurs productions. D'un autre côté, le département de l'Ain qui, par les progrès de son
agriculture, ses rapports directs avec le Lyonnais, le Genevois et le Piémont, voit ses
richesses chaque jour augmenter, n'est pas
moins digne de notre attention. Il possède de
fort belles routes bien entretenues auxquelles
nous devons chercher à correspondre. L'embranchement d'une portion de route, allant de celle
de Moyrans à Dortan, par Jeurre, en jetant un
petit pont de bois sur la Bienne, réuniroit ce
double avantage ; l'arrondissement de St.-Claude
gagneroit presqu'une journée de distance pour
se rendre à Lyon, auroit des communications
ouvertes dans tout le Bugey, et se trouveroit
ainsi rapproché des grands centres de consommation, des grands chemins, des rivières
navigables et des grands canaux. Le tracé de
cet embranchement sur un sol rocailleux

presque sans valeur , et la présence des matériaux nécessaires aux ouvrages à faire , peuvent
déterminer leur confection.

L'arrondissement de Lons-le-Saunier a un
intérêt personnel à l'ouverture d'une route
qui , de Gigny , régneroit le long de la Valouse
et iroit atteindre celle de Bourg par Chavanne.
Les cantons d'Arinthod et de Saint-Julien ,
privés de toute communication , profiteroient
avantageusement de cette issue pour la vente
de tous leurs produits. Ce défaut de débouchés
y rend l'agriculture nulle , le cultivateur étant
indifférent sur toute amélioration , ne se
livrant à aucun travail essentiel , ne pouvant
ni consommer ses revenus , ni les débiter , et
étant embarrassé de son superflu. Cette nouvelle communication avec le département de
l'Ain , en augmentant nos rapports avec ses
habitans , faciliteroit nos échanges respectifs ,
feroit naître de l'émulation et contribueroit
à la prospérité de deux pays voisins.

Les chemins vicinaux ne sont pas moins
intéressans que les routes : cette vérité est
reconnue en principe. La culture des terres ,
la conduite des engrais , le transport des récoltes et leur débit , dépendent de l'existence
et de l'entretien de ces chemins ; l'industrie
et le commerce en sollicitent également l'ou-

I

verture, l'assiette et les facilités, et appellent
de même tous les efforts de l'administration.
Dejà, par les soins d'un de nos Préfets (1),
ils avoient été améliorés, et tout faisoit espérer qu'une grande impulsion donnée condui-
roit à d'heureuses conséquences; mais les
entraves se sont succédés, les obstacles en
tous genres ont paru, et des ouvrages entrepris
ont été suspendus ; des plans d'amélioration
ont été écartés et les meilleures volontés n'ont
pu être effectuées. Une centralisation de pouvoirs dans les agens premiers du Gouvernement est venue arrêter tous les bons projets,
et suspendre l'effet de l'attente générale. L'autorité locale n'ayant plus eu qualité pour
sanctionner de bons projets et juger des
moyens exécutifs, il a fallu recourir aux
Ministres qui, comptant chaque jour sur de
nouvelles propositions, n'ont encore rien
adopté, rien soumis aux Chambres, en sorte
que les premières mesures sont encore à
prendre, et qu'une fériation complète a causé
des dégradations notables et a entraîné des
préjudices sensibles. La création des chemins
vicinaux, leur dimension, leur mode d'en-

_____

(1) M. le baron Destouches.

tretien, la législation qui doit les régir, tout
est encore incertain. Des avis ont été demandés,
des rapports faits et la divergence des opinions
à amené de l'irrésolution qui a plongé la
France dans la plus funeste et la plus dangereuse stagnation. Il est temps que cet état
cesse pour éviter des fléaux réels.

Un réglement principal sur la matière est
d'un pressant intérêt. Il doit porter injonction
aux maires de présenter l'état des chemins
vicinaux de leurs communes, leur degré d'importance, leur direction, leur proportion,
leur largeur ancienne, celle qu'ils peuvent
comporter et qui leur est indispensable, fossé
non compris, pour leur libre usage. L'établissement d'un commissaire par canton paroît
une mesure secondaire d'une grande utilité.
Il seroit chargé de faire les plans de ces chemins, de tracer leur nivellement, d'offrir le
tableau de leur rectification et des réparations
qui leur conviendroient, de faire les devis et
conditions des marchés, lesquels, après examen des conseils municipaux, seroient, à vue
des avis des sous-préfets, soumis aux préfets,
pour être statués. C'est à ce magistrat qu'il
appartient de prononcer en connoissance de
cause. Les ressources des communes, les modes
d'exécution proposées par elles, la levée

prompte de tous les empéchemens qui pourroient subvenir, sont autant de choses qui lui
semblent dévolues. Il représente les anciens
commissaires départis et les intendans qui
étoient appelés à ordonner définitivement des
mesures de ce genre. Plus rapproché des intéressés, plus à portée d'apprécier leurs deman-
des, de distinguer leurs besoins, entouré des
lumières de tous les fonctionnaires secondaires, muni de tous bons renseignemens, la
balance de Thémis ne peut être mieux qu'entre
ses mains. Ses arrêtés confirmatifs des vœux
des officiers municipaux, ne pourroient plus
donner lieu qu'à des contraventions qui seroient
portées devant le conseil de Préfecture, chargé,
par la loi et par les instructions, de les réprimer. D'après l'article 538 du Code civil, les
grandes routes font seules partie du domaine
public. Les chemins vicinaux sont la propriété
des communes et laissés à leur charge, comme
l'établissoient déjà les articles 2 et 3 de la
section 6 du titre 1.er de la loi du 28 septembre 1791. Si les préfets peuvent, conformément à l'arrêté du Gouvernement du 23 messidor an 5, supprimer les sentiers et chemins
vicinaux inutiles, et les rendre à l'agriculture;
s'ils sont chargés, par l'article 6 de la loi du 9
ventôse an 13, de rechercher l'ancienne lar-

geur des chemins vicinaux, comment ne leur
confieroît-on pas le soin de pourvoir à leurs
confection et entretien, et d'en ordonnancer
toutes dépenses y relatives? Que les grands
intérêts sociaux soient donc agités par les
autorités premières de l'état ! c'est ce que la
raison et le bien public commandent ; mais
que des objets qui ne peuvent être traités que
par une connoissance exacte des localités , sur
les renseignemens des municipalités , et qui
n'offrent qu'un intérêt relatif et souvent léger,
n'aillent plus entraver les grandes opérations
ministérielles, et soient définitivement rangés
dans les attributions du préfet ; c'est ce que
le bien des communes et la justice sollicitent
également.

, Les pouvoirs ainsi gradués produiront de
bons effets. Les conseils municipaux auxquels
seront réunis les plus forts imposés des communes, délibéront la confection ou l'entretien
d'un chemin vicinal, l'adoption des plans
et devis du commissaire voyer , et les modes
d'exécution les plus avantageux. On conçoit
que les projets devant être publiés et affichés ,
tous les intéressés seront admis à faire leurs
réclamations dont les motifs seront facilement
appréciés. Si elles portent sur des indemnités
pour prises ou concessions de terrain, les

expertises préparatoires , les bases comparatives, l'extrait des baux et ventes, toutes les voies amiables viendront terminer les différens, sans avoir besoin de recourir aux formes de la loi du 10 mars 1810. Il est présumable qu'un propriétaire, devant profiter d'une bonne mesure , et placé sous l'influence paternelle des autorités locales , cédera toujours à un arrangement qui conciliera ses droits et ses usages. Dans le cas où ces réclamations dériveroient de quelques causes mauvaises , ou reposeroient sur des prétentions mal fondées, elles ne tarderoient point à être écartées. L'apport des matériaux et un rôle pour quelques travaux d'art deviendroient - ils nécessaires pour compléter une entreprise? le juge naturel, le préfet , statueroit en conseil de préfecture , et tout seroit terminé à la satisfaction générale. Les travaux commencés seroient suivis, les communications rétablies , les cultivateurs, les possesseurs d'héritages , les commerçans , les manufacturiers, les hommes de toutes les classes, applaudiroient à cet ordre de choses et se féliciteroient mutuellement de la dévolution de pouvoirs attribués au premier magistrat du département.

De toutes les communications , la plus importante, la plus prompte et la plus sûre , est

celle qu'offre les canaux; ils facilitent les correspondances entre les provinces, les villes et
les campagnes, réduisent le prix des transports et donnent les moyens de se procurer,
commodément et à un prix modéré, les choses
les plus nécessaires. Si la navigation maritime
fait fleurir le commerce et les échanges des
royaumes, les canaux vivifient l'industrie des
diverses parties d'une contrée, et procurent
du prix aux terres dont ils augmentent la
valeur intrinsèque. Un canal ouvert au milieu
de propriétés incultes et marécageuses, en
change, en un instant, la nature et les produits; des champs stériles offrent tout-à-coup
des récoltes abondantes, des prairies desséchées étalent, aux yeux surpris, une verdure
enchanteresse et l'émail de mille fleurs; des
établissemens en tous genres sont formés,
donnent lieu à des spéculations multipliées,
le pays entier acquiert une nouvelle existence.
Les manufactures en reçoivent une augmentation de produit et de débit, l'agriculteur et
l'ouvrier y trouvent les moyens d'utiliser leurs
travaux : les canaux influent donc puissamment
sur la population et la fortune des contrées
qui les possèdent. La Chine, l'Angleterre et
la Hollande en sont un exemple remarquable;
le commerce et l'industrie y ont centuplé les

revenus publics , et ont rendu presque tous les peuples tributaires de leurs habitans. La France ne jouit pas encore d'un avantage aussi marqué et attend de son Gouvernement un complément en ce genre, que les produits de son sol et de ses manufactures réclament. Déjà les provinces du Nord se ressentent de la facilité de leur commerce ; déjà le Midi apprécie l'influence du canal du Languedoc ; le Jura voit avec enthousiasme et reconnoissance se confectionner celui du canal Monsieur ; il y trouvera des débouchés pour ses produits principaux qui sont en matières lourdes, tels que ses marbres, ses pierres, ses fers, ses bois, ses cuirs, ses fromages, ses vins. Le prix des transports augmentera les bénéfices , par la diminution qu'il supportera : il en sera de même des produits industriels provenant de ses fabriques, dont les produits seront favorisés , ce qui assurera du travail et de l'aisance aux familles indigentes.

D'autres établissemens, commandés par les localités, placeroient le département dans une position encore plus favorable. La marine et les grands chantiers du royaume, qui tirent de ses forêts un grand nombre de sapins et de chênes, se trouvent intéressés à leur confection. La plupart de ces bois sont extraits des

forêts situées sur les monts de Salins et de
Poligny, et ne peuvent être embarqués qu'aux
ports de Chamblay et de la Serre, situés sur
les rivières de la Loüe et de l'Ain, et sont
obligés, pour arriver à Châlons ou à Lyon,
de faire de grands détours sur eau, et de
parcourir, avant leur flottage, de grandes distances par terre. Les transports des produits
agricoles et industriels des trois arrondissemens
de Poligny, Saint-Claude et Lons-le-Saunier,
et les échanges qui leur sont nécessaires ne
peuvent se faire, sur la Bourgogne, le Lyonnais
et le Bugey, que par terre et à des prix excessifs et ruineux qui paralysent et arrêtent
quelquefois les spéculations. Ces inconvéniens
graves cesseroient en rendant la rivière d'Ain
navigable jusqu'à Champagnole, d'un côté ;
et en ouvrant, de l'autre, un canal sollicité
par les anciens états de Bourgogne et de
Franche-Comté, revendiqué chaque année
par notre conseil général, arrêté par le Gouvernement qui en a fait une des conditions
du bail des salinateurs de l'Est, canal qui
doit prendre naissance à Lons-le-Saunier pour
communiquer par la Seille à Louhans. Tous
les bois nécessaires à l'état arriveroient promptement et sans peine à Champagnole, et seroient
rendus facilement à Lyon ou sur la Loire, et

de là sur les ports ou chantiers de la marine. Les salines de Salins et de Montmorot trouveroient, dans l'ouverture du Canal de Seille, des moyens certains pour l'arrivage des charbons et de la houille employés à leur affouage ; toutes les manufactures jouiroient de ce même avantage pour leurs ateliers qu'ils affouageroient de même. De cette manière, les forêts royales et celles des communes en futaie notamment, seroient conservées pour des ressources imprévues, et les bois ordinaires employés plus utilement au chauffage et à la consommation des habitans. Nos pierres et nos fers y trouveroient un sûr débouché.

Les travaux que nécessiteroient ces deux branches de navigation, ne seroient pas très-dispendieux, quelques écluses et dérivations établies sans autorisation et pendant la révolution disparoîtroient facilement, l'exécution de l'ordonnance de 1669 et de l'arrêté du gouvernement du 19 ventôse an 6 suffiroient pour leur enlèvement ; les concessions d'un terrain presque sans valeur pour les chemins de halage coûteroient également peu, la dépense en un mot ne pourroit se compenser avec les bénéfices à en retirer. Le tracé et les devis du canal de Seille n'offrent point de grandes difficultés. Le sol sur lequel il doit être établi, est plat et parcourt une vaste prairie ; nul rocher à extraire et à enlever, nul obstacle à vaincre, une pente douce, des carrières nombreuses dans le voisinage, des transports de matériaux faciles, peu de dédommagement aux propriétaires et l'enlèvement de sept barrages peu précieux, en provoquent l'exécution. — Le gouvernement pourroit adopter pour ces deux entreprises le système des concessions et en abandonner les ouvrages à l'industrie particulière. Bientôt les propriétaires, les négocians riches de Lyon et des deux bourgognes appréciant les avantages qui en résulteroient, se réuniroient en compagnie, se diviseroient les actions, et concluroient de prompts marchés, certains que des revenus proportionnels à la dépense viendroient les dédommager, et que l'abandon d'un péage pendant un temps déterminé, les indemniseroient complétement. Des associations de cette espèce et qui inspireroient la plus grande confiance seroient certaines de l'inviolabilité des garanties qui leur seroient promises, et de voir, sous la monarchie légitime, leurs plans et projets approuvés, la foi due à leurs engagemens, scrupuleusement gardée, et tout différent qui pourroit les intéresser jugés régulièrement et avec célérité.

C'est déjà sous ces auspices favorables que des soumissions ont été faites et adressées au gouvernement pour la construction d'un pont à faire à Thoirette sur la rivière d'Ain, qui communiqueroit à la route de Genève, favoriseroit le commerce de l'ancien bailliage d'Orgelet, l'enlèvement des mulets qu'on y élève, et nous donneroit de nouveaux rapports avec la Suisse, le Bugey et le Lyonnais.

Les bois servant à l'usage de la marine et des particuliers étant une de nos premières ressources, sollicitent la conservation et le bon aménagement de nos forêts; elles forment le domaine le plus précieux de l'état et des départemens; elles sont, pour le nôtre, de la plus haute importance; ses salines, ses usines, son commerce y trouvent un aliment et un entretien dont l'avantage est très-grand; les communes et les propriétaires des ressources immençes. La révolution et les guerres continuelles qu'elle a entraînées ont donné lieu à leur dévastation. Long-temps l'ambition, la cupidité, un esprit désorganisateur conduisirent à la licence; les bois du domaine ne furent pas plus épargnés que ceux des particuliers et tombèrent également sous la hache de quelques prétendus nouveaux maîtres ou de quelques furibonds poussés par des ennemis

de l'ordre et de tous principes de bien public. Des divisions intestines, la présence
d'armées nombreuses, les fléaux qu'elles entraînent achevèrent de dépeupler nos forêts et
portèrent une atteinte terrible à cette partie
principale de nos richesses. Ce ne fut qu'à
l'époque où l'ordonnance de 1669 fût remise
en vigueur et où la justice reparut, que la
police commença à se rétablir avec la punition des délits. L'influence si marquée des
cours et tribunaux sur la tranquillité générale,
le respect de toutes les propriétés et de toutes
les garanties sociales est la conséquence d'un
bon choix de magistrats. Les gouvernemens
s'honorent toujours en confiant leurs pouvoirs à des hommes éclairés, intègres, sans
cesse occupés d'arrêter et de punir le mal
et de faire le bien.

L'ordonnance des eaux et forêts donnée par
un grand Monarque, conçue par un Ministre
distingué , rédigé par d'illustres Jurisconsultes
a cependant subi plusieurs modifications. Elle
prescrivoit que les bois nécessaires à la marine
et aux grandes constructions de l'état ne pourroient être coupés que dans les propriétés domaniales. On reconnut que l'exclusion donnée pour ce genre de service aux nombreuses
forêts du clergé, des communautés et des

particuliers, ne pouvoit subsister; et des réglemens des 21 septembre 1700 et 21 mars
1757 en raportèrent cette disposition particulière. Les lois qui suivirent les fameuses pro-
clamations de 1789 et 1790, notamment celle
du 13 septembre 1791, changèrent encore cet
état de choses que de nouvelles lois ont enfin
rétabli sous diverses modifications. Un autre
réglement de 1720, porta que les coupes
de bois des communes fixées à dix ans, avec
réserve de seize baliveaux, ne pourroient être
faites qu'après un laps de temps de 25 ans,
avec réserve de vingt-cinq baliveaux. Cette
condition appliquée généralement, ainsi que
celle relative à la prohibition d'écorcer les
arbres sur pied, paroissent contraires au progrès des bois.

L'établissement des baliveaux a pour but de
conserver ces arbres en futaie, but utile, pris
égard au prix et à la rareté de cette espèce;
mais cette conservation n'est bonne et profitable qu'autant que le sol peut la comporter;
or, il est démontré par expérience, qu'elle
ne doit être opérée que dans les bons terrains
susceptibles de donner à ces arbres un développement certain, elle ne doit donc jamais être faite dans les lieux qui ne sauroient
la comporter. Les observations des grands

maîtres sur la matière, tels que de Duhamel, Buffon, de Réaumur, Fenille de Varenne, ont prouvé que les bois offrant un pied de terre végétale, un pied et demi, deux pieds et demi et trois pieds, où l'on pouvoit établir, dans les premiers, des coupes de vingt-cinq à trente ans ; dans les seconds, de trente à quarante; dans les troisièmes, de soixante ans, et dans les dernières, de cent ans, étoient seuls susceptibles de réserve de baliveaux. Il n'existe qu'une partie de nos bois qui, selon ces bases, puissent en conserver ; cependant la réserve en est commandée et s'opère généralement, mais sans bons résultats. En effet, ces arbres séparés des taillis, isolés, éloignés des plantes avec lesquelles ils se marioient, se trouvent en quelque sorte déshérités et décroissent au lieu de profiter, l'hiver les frappe ou l'été les calcine, et ils périssent. On les voit souvent pousser en bois et produire avant le temps, signes de foiblesse et précurseurs de leur mort ; ou l'irruption se fait à la tige, qui se charge de branches, absorbe la saive, l'empêche de monter et couronne l'arbre ; ils nuisent alors à la végétation des jeunes rejets qu'ils couvrent de leur ombrage, entretiennent à leurs pieds une humidité invincible, amènent un

froid rigoureux qui les détruit; ou la saive
monte et donne aux baliveaux une tête trop
forte que le vent renverse d'autant plus facilement que leurs racines, faute de nourriture;
n'étant point assez profondes, ne peuvent
les soutenir; ce n'est donc qu'avec une dis-
crétion raisonnée que l'on doit maintenir
l'usage des baliveaux. La législation paroît
devoir être modifiée sur ce point et laisser
au temps et aux circonstances d'heureuses
exceptions qui puissent être en harmonie
avec le bien général.

Les coupes de bois ne peuvent se faire
uniformément tous les vingt-cinq ans. Cet
ordre ne sauroit exister qu'autant qu'ils seroient tous de même nature et essence, et que,
procréés sur des terrains d'égale bonté, ils
donneroient des produits semblables; or, les
uns sont situés dans des lieux stériles, d'autres
dans des vallons moins arrides, d'autres enfin dans des terres vigoureuses et n'ont entre
eux, ni par l'exposition, ni par l'espèce, aucune analogie. Ceux-ci ont une forte progression qui, donnant des certitudes sur leurs rapports, ne permet pas de les abattre avant
un long temps; ceux-là, au contraire, dépé-
rissant faute de subsistance, demandent une
prompte exploitation; leur révolution ne peut

donc être la même. Des signes distinctifs
annoncent l'âge où les taillis doivent être
coupés; ils consistent dans leur déclinaison
ou décroissement que l'observateur reconnoît,
lorsqu'ils sont arrivés à un certain degré de
valeur, que leur poussée cesse et désigne
qu'ils ont acquis tout ce que le sol et le site
peuvent promettre. Des règles spéciales à
chaque localité et espèce doivent donc être
faites si l'on veut tirer un parti convenable
de nos bois, ne pas opérer leur ruine, et
avec elle, des pertes et des dommages incalculables par des coupes anticipées ou retardées, trop précipitées ou trop lentes. Souvent dans un taillis avancé et situé dans un
terrain, fort et généreux, le sol est tellement
surchargé qu'il ne peut nourrir toutes ses
plantes, et que leur accroissement est tout-à-
coup ralenti, parce que l'air n'y circule plus
avec aisance; les brins les mieux constitués
surpassent alors les autres, les oppriment et
les privent de toute action atmosphérique;
leur dépérissement sensible appelle l'expur-
garde. Les arbres qui restent ainsi dégagés se
développent rapidement, acquièrent de la
solidité, leurs couches concentrifiques augmentant en grosseur, leur donnent une attitude
et un produit meilleur.

K

· La défense d'écorser les arbres forestiers
semble devoir subire quelques modifications
réclamées par l'industrie et le commerce en
faveur des modenes et des futaies, car autant la
règle est bonne pour les jeunes arbres, autant
elle est nuisible aux anciens, c'est ce qui résulte des observations faites en Angleterre par
Eveline, en Allemagne par Muller, en France par MM. de Réaumur, Buffon et de Varenne.
De puissans motifs viennent à l'appui de
leur système. Les bois les plus durs et les
plus lourds sont réputés les plus précieux; on doit donc chercher à leur donner
ces qualités. Un arbre abattu avec son écorce
destiné aux grandes constructions, est dé-
pouillé, sur les chantiers de son bois blanc
pour ne conserver que son bois compacte;
ce qui réduit la force de son équarrissage: en
donnant à son aubier la même densité qu'au
cœur, on augmente son poids et on en extrait un plus grand nombre de solives. On
y parvient en le faisant écorcer lors de la
saive qui, se trouvant interceptée, ne peut
plus, par sa fusion, procréer de nouveaux
bois, sa substance se fixe alors dans les vides
porreux de l'aubier, y agit fortement en y
portant tous ses sucs nutritifs, le rend dur
comme le cœur et lui procure une solidité

qui le fait rechercher par les négocians et armateurs. Pourquoi ne profiterions nous pas des leçons des hommes instruits pour augmenter le prix de nos bois? et laisserions nous toujours le préjugé et l'habitude prévaloir, sur les calculs et les procédés de la sagesse?

Une des causes majeures de la diminution de nos bois réside dans le trop grand nombre de forges et de hauts fourneaux qui existent dans notre département, une grande légéreté, leur a donné naissance. Ils n'auroient dû être tolérés que pour les propriétaires de forêts, ayant sur leur propre domaine un affouage assuré; mais la faveur et les circonstances ont déterminé des concessions dont le danger devient chaque jour plus iminent. Une concurrence s'établit dans les ventes des bois entre les maîtres de forges et les propriétaires que ceux-ci ne peuvent soutenir: les coupes passent donc entre les mains de ceux-là qui, après avoir employé à leur usage ce qui leur est nécessaire, vendent le surplus au public à des prix excessifs. Il y a plus, les quantités qui leur sont indispensables absorberont bientôt la presque totalité des bois et réduiront la population entière aux plus dures extrémités. Une proportion entre les besoins et la fabrication présumée, auroit dû être établie ; mais l'intérêt particulier l'a emporté sur l'intérêt général; le commerce n'eût rien perdu par la réduction des forges, et les consommateurs auroient été moins alarmés sur leur chauffage et ne redouteroient point des privations qu'ils commencent déjà à éprouver. Il est temps d'apporter remède à des malheurs réels et d'en arrêter les effets. Supprimer les hauts fourneaux des maîtres de forges qui ne peuvent les alimenter avec leurs forêts, contraindre les possesseurs d'usines à se servir de charbon de terre ou de houille, sont les deux mesures qu'il appartient à l'administration de provoquer; la première est fondée sur le droit positif et les réglemens en ce genre; la seconde, sur la nécessité. Les forges de Mohbarre, celles du Dauphiné, du Lyonnais, du Forêt, ne s'affouagent qu'avec du charbon de terre ou de la houille ; la manufacture du Creusot, les salines de l'Est, n'usent que de ce combustible. La navigation de nos rivières qui peut encore être augmentée, offre des facilités pour se le procurer ; tout concourt donc à son emploi obligé, du moins en partie.

Quelques précautions pourroient encore en diminuer la consommation et conduire à une

économie qui ne peut être trop sévère. La
première consisteroit dans la manière de diriger le feu dans les hauts fourneaux, de le
rendre soutenu, progressif et capable d'opérer plus promptement avec moins de matériaux. Il faut commencer, pour y parvenir,
à en changer les cheminées qui sont toutes
de formes obtues ou carrées, dans les an-
gles desquelles la chaleur se perd et s'atténue
en se divisant au lieu de réargir constamment sur le minerai. Celle qui doit leur être
substituée est la circulaire depuis la cuve jusqu'au gueulard. Elle est adoptée en Suède
et en Russie, en Angleterre, et par un très-
grand nombre de maîtres de forges de France,
comme étant la seule que l'expérience ait
prouvée procurer une réunion absolue du
calorique, et sa pression continue, seule capable d'opérer promptement les fabrications.

La seconde précaution seroit de diminuer
l'entrée des gueulards de nos hauts fournaux
qui, dans leur état actuel, déterminent une
évaporation de chaleur nuisible et nécessitent
l'emploi d'une plus grande masse de charbons.
L'ouverture doit en être réduite à la moitié
du diamètre de la largeur de la cuve, terme
où toute évaporation cesse, et où l'on parvient
au meilleur effet avec le moins de frais pos-

sible. La troisième seroit de faire charger le
fourneau de manière à ce que la mine soit
toujours enveloppée de flammes en la plaçant
dans le milieu du gueulard, sans extension
quelconque du côté de la rustine. La quatrième seroit de ménager l'action du feu dans
le commencement du fondage en réduisant
les vents et les mouvemens des soufflets et
en les augmentant graduellement et progressivement jusqu'à la fin de la réduction.

Pour bien conserver nos bois, il faut les
bien aménager. A cet effet, leur situation,
leur aspect, leur climat, les vents qui règnent, l'essence qui peut dominer, l'espèce
qui convient le mieux sous le rapport du
commerce et de la consommation, et qu'il est
utile d'y multiplier, le degré approximatif de
croissance des arbres, les parties qui sont
susceptibles d'être élevées en futaie ou laissées en taillis, l'âge et le temps des coupes,
les distances des chemins et les facilités des
communications, sont autant d'objets également
ment importans qu'il faut apprendre, observer et étudier. Lorsque ces notions indispensables seront acquises, il sera nécessaire
de suivre les anciennes ordonnances et de
faire délimiter tous les bois, des propriétés
rurales, par des fossés dont elles déterminent

la profondeur et largeur , moyen sûr d'empêcher la confusion , d'établir de l'ordre , de
prévenir toutes dévastations, d'empêcher la
dent meurtrière du bétail de dévorer les
rejets et de détruire ainsi l'espoir qu'ils pro-
mettent. Si la gelée frappe ces rejets ou
qu'ils décroissent , dégénèrent, languissent
ou se décolorent, leur récépage doit être opéré,
les racines pompent après cette opération tous
les sucs de la saive, acquièrent de la consistance, s'ouvrent des issues à travers la terre
qui, trop dure auparavant, les fesoit refluer
sur elles-mêmes, et produisent de beaux
sujets.

Pour peupler nos bois, le choix des essences propres aux sols et expositions est impor-
tant. Lorsque l'on peut utiliser leurs terrains ,
en y jetant, soit des arbres qui poussent leurs
racines à une grande profondeur, soit d'autres dont les racines tiennent leur nourriture
de la surface de la terre , on opère de la
manière la plus avantageuse. Sans recourir
aux arbres exotiques, nous en possédons
d'homogènes qui conviennent parfaitement à
nos climats. Les diverses espèces de chênes,
de hêtres et de bois blanc, et leurs nombreuses variétés peuvent nous suffire, le tout
est de les placer avec discernement. Les bois

n'exigent presque pas de culture, les bons sols peuvent être semés en automne, sans préparation; les médiocres au printemps, après un léger labour. Il faut pour faire prospérer les semis ou jeunes plantations, imiter en quelque sorte la nature et jeter dans les terres nouvelles que l'on veut repeupler des genevriers ou bruyères ou boutures de Marseaux et de peupliers qui les garantissent du froid et du chaud, et servent aux rejets d'abri et de tuteurs. Les parties situées sur le troisième plateau de nos montagnes, sont susceptibles de recevoir des mélèzes, des épicéas, des pins des Alpes et autres arbres verts qui s'y multiplient, se régénèrent et forment de belles forêts.

Les arbres font la fortune des pays qui les possèdent, ils sont l'ornement et la richesse des domaines et des campagnes, et contribuent autant à leur prix qu'à leur beauté et leur agrément. Un agronome éclairé hésite toujours pour couper, mais jamais pour planter. Les sujets doivent être tirés des pépinières publiques, établissemens dont nous avons un besoin pressant, pour lequel le conseil général a voté des fonds qui ne sont point encore employés. L'éducation des arbres, l'amélioration des espèces, l'art de les cultiver, de

les naturaliser et acclimater ne peut se bien
faire que dans des pépinières confiées à des
hommes instruits. Les sujets pris dans les
bois sont médiocres et ne peuvent être enlevés sans un préjudice sensible ; ceux au contraire extraits des pépinières, élevés avec soin,
distingués en naissant et bien cultivés, acquièrent toutes les propriétés possibles, portent avec eux leur vigueur et profitent promptement. Il en est de même des semences en
tous genres, dont les divisions, les espèces,
les qualités et les âges bien connus et si-
gnalés, assurent le succès de leur reproduction.

Lorsque les bois grandissent et paroissent
à leur force, on doit observer pour le temps
et le mode de les couper, ce que les terrains
et les espèces exigent. Des coupes doivent
être opérées d'après les climats, les expositions et la qualité des terres. Les arbres verts
tels que nos sapins, veulent être jardinés,
toute infraction à cet ordre cause des maux
incalculables ; les vents sont attirés dans les
vides, renversent les plus beaux brins et laissent des clairières et des intervalles immenses qui amènent souvent la perte d'une partie considérable de forêts. Les coupes de bois
ordinaires, réglées selon l'âge, la qualité et

quantité de terre végétale qui existoit dans les forêts doivent être faites avec précaution. Les arbres doivent être coupés à ras de terre afin de ne point diminuer leur poussée et de provoquer leur accroissement. L'essentiel est de conserver en futaie tout ce qui en est susceptible et de former de nombreuses réserves. Les ordonnances de 1573, 1597 et 1669, les ont successivement ordonnées, leur avantage est inappréciable. Les communes y trouvent de quoi bâtir des temples à l'Éternel, des asyles à ses ministres, des maisons d'instruction, tout ce qui peut coopérer au lustre et à l'entretien du culte de nos pères, à l'éducation de la jeunesse ; elles y puisent, comme dans des trésors pour leurs propres édifices, pour des cas imprévus, pour réparer la perte des incendies ; le commerce et l'industrie y trouvent aussi des bois pour la marine et les grandes constructions, pour les travaux d'art, ports, digues et manufactures. Elles sont utiles à l'agriculture en conservant les glandées et les paccages, par leur influence sur l'atmosphère en rompant la force des ouragans, attirant et divisant les orages, en entretenant et conservant une humidité propre à la végétation, en donnant naissance aux sources, en s'opposant aux avalanches, et en empêchant les éboulemens des terres. Elles accroissent nos jouissances par leur aspect et leur ombrage, et notre longévité par l'air pur et salubre qu'elles amènent et entretiennent. Il est d'autant plus nécessaire de s'occuper sérieusement de ces réserves pour l'infortune, le besoin et les générations futures, qu'il n'en existe presque plus dans le Jura. Ces lieux que la nature sembloit avoir consacrés à ce genre de produit et qui formoient des sites enchanteurs, ne présentent que dévastation. Ces montagnes couvertes autrefois de bois retenoient les neiges qui, fondant par gradation, portoient dans les vallons et les plaines le principe radical de l'action végétale, n'offrent en ce moment que des rochers nus. Les neiges disparoissant tout-à-coup aux premiers soleils, entraînent dans les torrens qu'elles forment subitement, les couches de terre, couvrent tous les héritages de débris et causent des dommages irréparables. La faux meurtrière du temps, l'avidité de quelques traitans et l'abus des permis d'exploiter, nous ont conduit à ces revers que la sagesse d'une bonne administration, le zèle des agens forestiers, l'intérêt des communes et des propriétaires doivent tendre à réparer.

Il doit entrer surtout dans les vues de l'économie rurale, de ne pas permettre des défrichemens abusifs et des réductions en plain ; le besoin général qui se fait sentir et qui va chaque jour en croissant, en est pour nous une loi impérieuse. Imitons les peuples et les gouvernemens du Nord qui, appréciant la valeur des bois, ordonnent des semis ou plantations égales et équipollantes aux coupes et défrichemens qu'ils opèrent ; ne nous laissons point abuser par les maximes d'une liberté pernicieuse et mal entendue ; conservons nos bois et nos réserves et provoquons des mesures pour empêcher leur destruction si funeste pour nous et pour l'avenir.

Tous nos efforts pour le bien de l'agriculture ne peuvent être couronnés d'un succès réel qu'autant que le Gouvernement les secondera et les encouragera par une juste répartition de l'impôt.

La première richesse d'une contrée réside dans l'agriculture ; le commerce et l'industrie en sont les branches secondaires qui, dirigés par le besoin et l'intérêt, enfantent des prodiges. L'industrie supplée au défaut de productions naturelles et procure ces signes de convention qui en sont l'aliment. La combinaison de ces deux richesses territoriales et

industrielles constituent le véritable spécula-
teur. Tirer le meilleur parti de ses terres par
le développement d'un travail suivi et bien
combiné est un moyen certain d'arriver à
l'aisance , utiliser les denrées qui en proviennent par de précieuses échanges , c'est ce qui
constitue le bon administrateur , le père de
famille intelligent. Pour atteindre à ces conséquences , il faut que les charges publiques
soient réparties dans une juste proportion. La
société garantissant à chaque individu sa liberté,
ses propriétés , ses droits civils , tous ses
membres doivent coopérer à l'entretien de
l'état. La loi qui est l'expression de la volonté
générale, doit être suivie exactement ; mais
pour que son effet ne froisse point les esprits,
n'excite point de réclamations, il faut, surtout
en matière d'impôt, qu'elle soit fondée sur la
fortune réelle ou industrielle des sujets , sur
la valeur intrinsèque et les produits démon-
trés de leurs terres, et non sur celle présumée,
car le découragement, l'abattement, l'inertie
même, sont le résultat d'un ordre contraire.
Pour asseoir l'impôt foncier en France et dans
le Jura , on a consacré toutes les bases du
cadastre. Il étoit destiné à faire connoître
l'étendue et la valeur des sols. Les notions
des localités , des climats , des différences de

récoltes, des facilités de consommation ou de débit étoient indispensables. En les réunissant, il falloit se dégager de toutes préventions, ne pas augmenter les produits dans un intérêt mal calculé pour le Gouvernement, ne pas les diminuer de même dans l'intérêt des départemens. Des inégalités, des disproportions choquantes ont prouvé que les meilleurs plans, les meilleures institutions sont nuls, lorsque l'amour du bien, principe du législateur, n'anime pas les agens exécuteurs. Plusieurs, sans doute, ont rempli leurs devoirs et méritent des éloges ; mais plusieurs aussi n'en ont pas été observateurs fidèles. Au lieu de donner, sur les diverses natures de propriétés foncières, des rapports fondés sur leur force et leur prix, ils en ont présenté d'inexacts. Ainsi, par suite de leurs opérations, des provinces, riches par la bonté de leur ciel, la fertilité de leur sol, l'abondance de leur récolte et la facilité de leurs débouchés, ont été placées dans un rang inférieur à celles dont la rigueur des saisons, l'âpreté du territoire et la foiblesse des produits, signaloient la dissimilitude. L'allivrement de quelques cantons dans chaque département a servi de fondement pour combiner les revenus de tous ceux qui restoient à allivrer sans examen des variations de leurs classes et de leur valeur. C'est ainsi que le Jura, dont les meilleurs cantons avoient été cadastrés et dont les produits avoient déjà été tellement élevés, qu'ils ont subi des diminutions pour la plupart, ensuite de nouvelles expertises faites d'après les circulaires de Son Excellence le Ministre des finances, a vu toutes les propriétés de ses autres cantons calculées sur les mêmes bases et réparties à l'impôt réel, quoiqu'il existât des différences de valeur du tout au tout, en en faisant de justes comparaisons. Malheureusement pour nous, cet état de choses est provisoirement consacré malgré nos pressantes réclamations, et des ordonnances royales ne permettent plus, quant à présent, qu'une répartition entre les cantons et les contribuables de la masse des impôts, d'après les relevés des baux et ventes qui, étant tous de petite tenue ou d'affection, ne pouvoient être pris en considération (1) : espérons néanmoins du zèle du directeur des contributions, de ses contrôleurs, de la vigilance des administrateurs, que l'on parviendra, au Jura comme ailleurs, à démontrer les vices de

_____

(1) L'inspecteur général du cadastre, a lui-même publié que les baux n'étant point à grande tenue dans le Jura, ne pouvaient servir de base au cadastre dans ce département.

l'assiette de l'impôt foncier, à en provoquer la rectification et à obtenir enfin un dégrèvement qui nous est nécessaire.

Les impositions directes ne sont pas les seules qui nous accablent ; les indirectes ne pèsent pas moins sur nous. La loi du 28 avril 1816 a établi un réglement pour la perception des droits sur la vente et la circulation des eaux-de-vie, des vins, bières, cidres et poirées. Les départemens ont été rangés pour cette perception en quatre classes, graduées progressivement de la première à la quatrième. Pour opérer sûrement, il étoit convenable de consulter la fertilité des vignobles, l'excellence de leurs produits, le prix de leurs ventes et les facilités pour y parvenir. De cette manière, on étoit sûr de ne blesser aucune convenance, d'éviter toute incertitude et d'être justes. L'expérience avoit prouvé que les meilleurs vins de France étoient ceux de la Bourgogne, du Bordelais, de la Champagne et des provinces du Midi, que des grandes routes, des canaux leur offroient les plus sûrs débouchés ; que leur réputation et leur haute qualité en assuroient le débit et la consommation. Ceux de Franche-Comté ne pouvoient leur être assimilés ne réunissant aucune de leurs qualités. Des disproportions dans les valeurs, les ventes et les communications, en indiquoient évidemment dans la fixation des droits à percevoir sur iceux. Ces droits ont été établis en sens inverses et opposés; ainsi le Jura, au lieu de figurer à la première classe, a été rangé dans la troisième, tandis que la Marne et Saône-et-Loire ont été rangés dans la seconde, la Côte-d'Or et Vaucluse dans la troisième. Des réglemens assis sur cet ordre ont fixé les prix de vente, de circulation, de consommation, de débit, et sont venus fondre sur notre infortuné pays; telle est même la fatalité de notre position, que les droits de mouvement et d'octroi dans nos villes, équivalent à la vilité du prix de nos vins.

Ce genre de subside frappe la classe industrielle et nombreuse du peuple, qui en souffre autant que du mode ruineux employé pour le percevoir. Cet état de choses ne peut subsister sans anéantir les spéculations, diminuer les moyens d'existence, augmenter les besoins et finiroit par appauvrir l'état en plaçant des sujets fidèles et dévoués dans l'impossibilité de payer.

Le législateur a pressenti qu'un premier travail pouvoit être incomplet et renfermer

L

des inexactitudes, et il a déclaré solennelle-
ment, dans un article de la loi du 28 avril
1816, qu'elle pourroit être revisée. Cette
revision est attendue, voulue dans l'intérêt du
Gouvernement autant que dans celui des imposés. L'exposé de nos moyens ne peut manquer de déterminer la justice du Gouvernement
en notre faveur, d'alléger nos charges en établissant, dans les diverses répartitions de
l'impôt, un équilibre parfait.

L'exécution des lois, des ordonnances et
des réglemens sur la conservation et garantie
des propriétés, des usages, des droits généraux, particuliers ou réciproques, sur la police
rurale et la répression des délits doit former
le complément des mesures nécessaires au
bien de l'agriculture. C'est aux magistrats dé-
positaires des pouvoirs du Souverain qu'est
confiée cette partie intéressante, et c'est de
leur caractère et de leur sollicitude constante
que nous devons attendre tous les bons effets
que nous nous promettons.

L'agriculture prendra enfin un accroissement durable dans le Jura lorsque les propriétaires riches et éclairés dirigeront en per-
sonne les opérations agricoles, se livreront
à l'exercice des bonnes théories, mettront

en usage les méthodes accréditées, emploi-
rons les instrumens aratoires que l'expérience
a démontré être les seuls capables d'accélérer
les travaux et de les rendre parfaits. La
bonne construction des fermages, l'éducation
des troupeaux choisis, les attelages bien proportionnés et leur direction, ne peuvent être
l'ouvrage que de personnes fortunées et in-
telligentes. Appréciant seules les suites précieuses de quelques sacrifices apparens et les
produits qui en naîtront, ils sauront varier
les cultures, distinguer les sols, les espèces
d'engrais qui peuvent leur être convenables,
les semences et plantes les plus propres à
leur procurer d'abondantes récoltes, les temps
propices à leur enlèvement, les modes de les
utiliser et conserver. Bientôt les fermiers et
cultivateurs, frappés des bons résultats qu'ils
leur verront obtenir, céderont à l'évidence, et
abandonnant leurs vieux préjugés, cherche-
ront à les imiter. Les lumières et l'instruction
en se développant avec les bonnes pratiques,
changeront de face notre système agricole,
augmenteront nos revenus, enrichiront notre
département et le feront prospérer. Une noble émulation naîtra et sera suivie des plus

grands progrès. Le spectacle d'un champ bien
cultivé deviendra pour nous, comme il étoit
pour les anciens, le plus pompeux, le plus
riche et le plus agréable. (1)

La campagne offre à l'homme sage, outre
la culture des terres, les jouissances les plus
chères, et l'âge d'or ne fut jamais que son
délicieux séjour : la nature est son temple,
il en étudie les secrets, en sonde les mystères,
en contemple les beautés, les richesses, les
grâces ; il goûte au milieu d'une vie sans cesse
embellie par de nouveaux charmes et dont
elle a filée les douces trâmes, les plaisirs purs
qu'elle dispense à ses adorateurs. Ses trois
règnes lui présentent des plaisirs réels. Tantôt il extrait de la terre des trésors que de
constantes recherches lui ont fait découvrir,
tantôt il peint des sites pittoresques ; ici, il
admire au milieu de ses harras ou de ses
troupeaux les sujets nés des bonnes races
qu'il élève ; là, il perpétue par diverses plantations les souvenirs d'un heureux mariage, de
la naissance d'un fils, de l'illustration de sa

-----

(1) Agro bene culto nihil potest esse nec usu uberius,
nec speciæ ornatius. *Cicéro.*

famille, des époques mémorables et glo-
rieuses de son pays. Tout l'attache d'une manière invincible à une position aussi belle.
Si un événement vient l'en arracher et le re-
porter au milieu du tourbillon du monde, son
existence est altérée, son bonheur cesse, et il
s'écrie, comme autrefois Horace : *Ah! ma chère
campagne , quand te reverrai-je ! quand me
sera-t-il permis de goûter dans les écrits des
anciens , dans les bras du sommeil, dans les
charmes d'un doux loisir, l'oubli des embarras
et des soucis de la vie !* (1) Il soupire après le
moment où il reverra l'objet de tous ses dé-
sirs, et lorsqu'il y est rendu, rien ne peut
plus l'en séparer.

Il s'abandonne à l'enthousiasme qui l'anime et en suit avec ardeur toutes les impul-
sions. L'innocence et la paix viennent le
combler de leurs faveurs; au milieu des champs
et de ses occupations agricoles son cœur
s'épure avec les fleurs, se purifie avec l'air,
ses passions s'éteignent et font place à tous
les sentimens affectueux, il lie sa félicité à

---

(1) O rus quando té aspiciam , quandoque licebit !
Nunc veterum libris, nunc somno et inestibus horis
Ducere sollicitæ jucunda oblivia vitæ!

celle de ses semblables, la justice et la bien-
faisance sont ses guides, toutes ses actions
en émanent, il adore le Tout-Puissant dont
il admire les merveilles, remplit fidèlement
ses devoirs, devient le modèle des citoyens,
des époux et des pères, et fait germer dans
le cœur de ses enfans les bons principes
qui l'animent; ses vertus, sa sagesse se propagent ainsi d'âge en âge et assurent le bonheur de ses derniers neveux.

FIN.

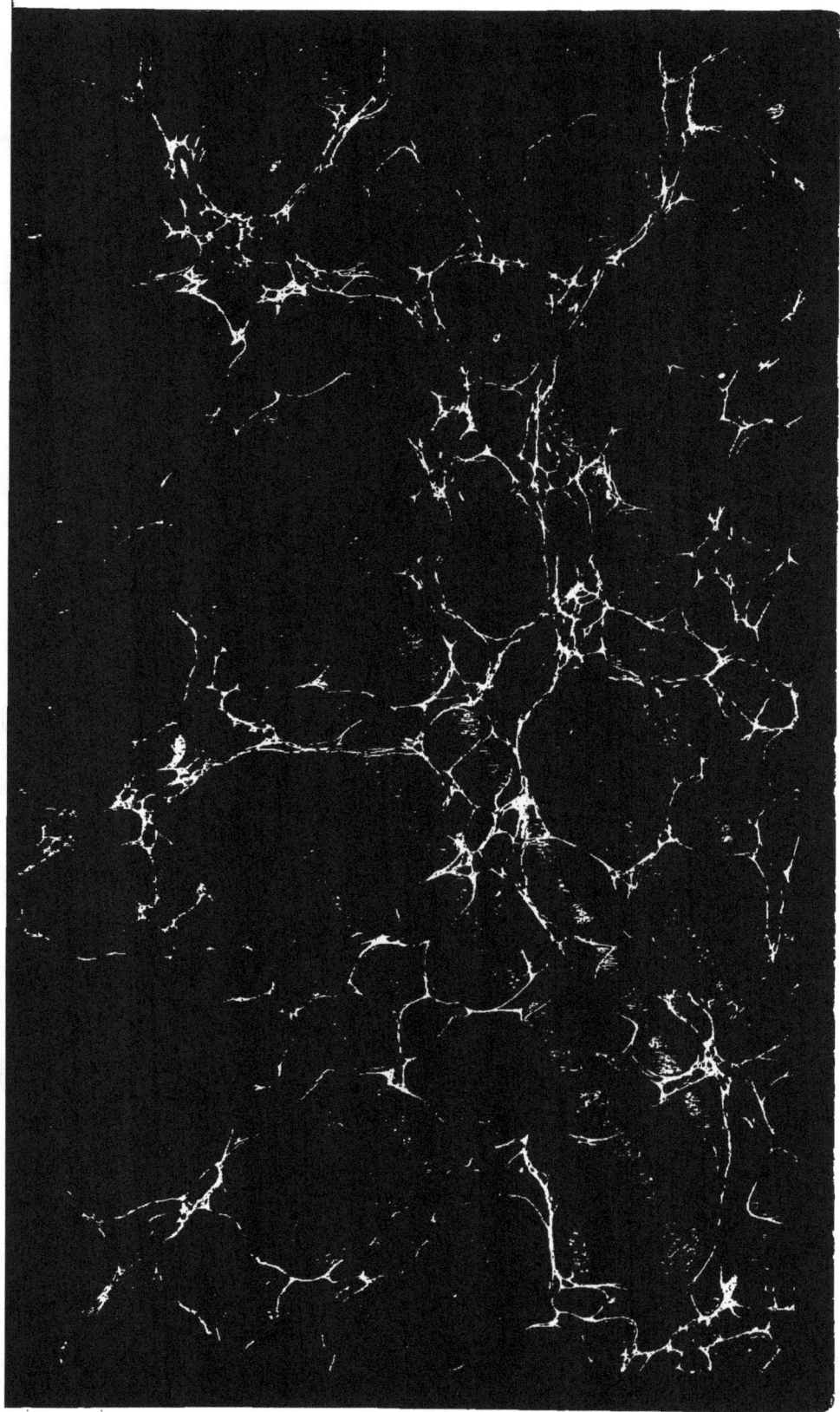

IN
S

BIBLIOTHEQUE NATIONALE DE FRANCE

3 7531 00254649 8

www.ingramcontent.com/pod-product-compliance
Lightning Source LLC
Chambersburg PA
CBHW050104210326
41519CB00015BA/3824

* 9 7 8 2 0 1 9 5 9 9 9 5 9 1 *